应用化学基础

APPLIED PHYSICS FOUNDATION

（1）

主　编　徐贵敏
副主编　王卫国　李亚静　徐斌斌

河南大学出版社
·郑州·

图书在版编目(CIP)数据

应用化学基础(1)/徐贵敏主编. —郑州:河南大学出版社,2014.4(2015.8重印)
ISBN 978-7-5649-1492-9

Ⅰ.①应…　Ⅱ.①徐…　Ⅲ.①应用化学基础—高等职业教育—教材　Ⅳ.①O69

中国版本图书馆 CIP 数据核字(2014)第 085157 号

策划编辑　王四朋
责任编辑　余建国
责任校对　谢　冰
封面设计　王四朋

出版发行　河南大学出版社
　　　　　地址:郑州市郑东新区商务外环中华大厦 2401 号　　邮编:450046
　　　　　电话:0371-86059712(高等教育出版分社)
　　　　　　　　0371-86059713(营销部)　　　　　　网址:www.hupress.com
排　版　郑州市今日文教印制有限公司
印　刷　郑州市运通印刷有限公司
版　次　2014 年 5 月第 1 版　　　　　　　印　次　2015 年 8 月第 2 次印刷
开　本　890mm×1240mm　1/16　　　　印　张　9.5
字　数　216 千字　　　　　　　　　　　印　数　2001—4000 册
定　价　25.00 元

前　言

　　《应用化学基础》是专门为五年制高职前两年基础阶段学生编写的一套化学教材。在教材编写过程中,编写组以"必需、够用、易教、易学"为指导思想,按照"注重基础、强化能力、结合实际、循序渐进"的编写思路,充分考虑五年制学生的学习基础和兴趣,突出学生的主体地位,注重教材的科学性,趣味性、前瞻性。在内容的选择上既达到了五年制高职阶段化学课程的基本要求,又最大限度的保证了与学生的初中基础相衔接,也为后续各专业课程的教学打下了坚实的化学基础。

　　全书共分两册,第(1)册内容包括化学物质及其变化、离子反应与氧化还原反应、物质的量、碱金属和卤素、原子结构、化学键、非金属元素及其化合物等,共 6 章,供五年制高职一年级使用。

　　本书有别于其他同类教材之处,主要表现为以下几点:

　　1. 降低理论难度,突出教学内容的浅显性、基础性。

　　按照融合初中知识,让学生零起点起步的思路,我们将初中化学的"化合价和化学式"、"化学方程式"、"酸、碱、盐、单质、化合物"等内容进行重组,编写了本教材的第一章:化学物质及其变化。

　　2. 突出教学内容的实用性,在凸显基础性的同时,实现与生产、生活的对接。

　　"电化学"是化学的一个重要分支,该内容与我们的生活密切相关,与地方经济密切相关,虽然这是高中阶段的选修内容,我们还是把它选进了本教材。同样原因,"石油和煤的综合利用"也作为独立的一节被编入教材。

　　有机化学部分,按照生活中的有机化学这一主线选择教学内容,如教学内容是甲烷、乙烯、乙炔、煤和石油、乙醇、乙酸、糖类、油脂、蛋白质等与我们的生活密切相关的有机物知识,使学生的学习建立在初中化学及生活经验的基础上,既完成了教学任务,又联系了生产、生活实际,有利于提高学生的学习兴趣和学习积极性。

　　元素及化合物部分,内容散乱、知识点多、难度大。我们把它分类设计为,非金属元素及其化合物、金属元素及其化合物。按照结构决定性质这一主线编排,较好的理清了各物质间关系,同时在难度上相比高中化学也适当降低。

　　3. 根据五年制学生的年龄特点和兴趣爱好,本书精心设计了"思考与交流"、"资料卡片"、"科学视野"、"实践活动"等栏目,通过插编新的科学成就,有趣的化学科普知识、学习技巧,引导学生阅读、思考、归纳整理。提高了学生的学习兴趣,并从中受益。也为不同基础的学生,提供了适应他们个性发展需要的选择空间。

本书由徐贵敏主编。本册编写分工如下:徐贵敏(第1、2章)、李亚静(第4、5章)、王卫国(第3、6章)、徐斌斌(附录表)。由徐贵敏承担策划和统稿等工作。

本书在编写过程中,参考了许多相关教材,在此对作者表示衷心的感谢。

由于编者水平有限,加之时间仓促书中难免会有不足之处,敬请读者批评指正,也真诚欢迎使用此书的老师、学生将发现的问题及时指出,并为我们提出宝贵的修改意见,以便修订时进一步完善。

编　者
2014 年 2 月

目　录

第 1 章　化学物质及其变化

据统计,目前人类发现和合成的化学物质已经达到几千万种,人类社会正是在化学发展的基础上构筑起现代物质文明的。在感叹化学科学飞速发展及其对人类社会所作出的巨大贡献时,大家是否想过:对于这么多的化学物质和如此丰富的化学变化,人们是怎样认识和研究的呢?

在本章中,我们首先要学习一些化学基础知识,包括化合价、化学式以及化学方程式的书写,再对化学物质及其变化进行分类研究。

§1.1　化学式和化合价

1.1.1　化学式的书写

元素符号不仅可以表示元素,还可以表示由元素组成的物质。比如 Na 既可以表示钠元素,也可以表示金属钠;He 既可以表示氦元素,也可以表示氦气。这种用元素符号表示物质组成的式子,叫做化学式。我们用化学式在宏观上表示一种物质或者表示该物质的元素组成,在微观上我们用化学式来表示物质的一个分子或者物质的分子组成。例如大家已经学习过的 H_2O,HCl,H_2 和 Na_2CO_3 等化学符号都是化学式,它们分别代表水,氯化氢,氢气和碳酸钠等,或者表示水分子,氯化氢分子,氢气分子和碳酸钠分子等。

物质的组成是通过实验测定的,所以化学式的书写也必须依据实验测定的结果,除此之外,还可以根据组成元素的化合价来推求元素原子的个数比。

书写化合物的化学式时,除了要知道这种化合物含有哪几种元素及不同元素原子的个数比之外,还应注意以下几点:

(1) 当某组成元素原子个数比是 1 时,1 可省略。

(2) 氧化物化学式的书写,一般把氧的元素符号写在右边,另一种元素的符号写在左边,如 SO_2。

(3) 由金属元素与非金属元素组成的化合物,书写其化学式时,一般把金属的元素符号写在左边,非金属的元素符号写在右边,如 KCl。

单质化学式的书写如下:

单质种类	书写方式
稀有气体	用元素符号表示,如氦气写为 He,氖气写为 Ne
金属和固态非金属	习惯上用元素符号表示,如铁写为 Fe,碳写为 C
非金属气体	在元素符号右下角写上表示分子中所含原子数的数字,如 O_2

由两种元素组成的化合物的名称,一般从右向左读作某化某,例如 $MgCl_2$ 读作氯化镁。有时还要读出化学式中某种元素的原子个数,例如 SO_2 读作二氧化硫,Fe_3O_4 读作四氧化三铁。

> **资料卡片**
> **读法口诀**
> 化学式真有趣,
> 元素排列有顺序,
> 后念往前跑,
> 先念往后靠,
> 阅读先角码,
> 中间要加化。

1.1.2　化合价

我们知道每种化合物都有固定的组成,即形成化合物的元素有固定的原子个数比。化学上用"化合价"来表示原子之间相互化合的数目。

表 1-1　一些常见元素和根的化合价

元素和根的名称	元素和根的符号	常见的化合价	元素和根的名称	元素和根的符号	常见的化合价
钾	K	+1	氯	Cl	-1、+1、+7
钠	Na	+1	溴	Br	-1
银	Ag	+1	氧	O	-2
钙	Ca	+2	硫	S	-2、+4、+6
镁	Mg	+2	碳	C	+2、+4
钡	Ba	+2	硅	Si	+4
铜	Cu	+1、+2	硝酸根	NO_3^-	-1
铁	Fe	+2、+3	磷	P	-3、+3、+5
铝	Al	+3	氢氧根	OH^-	-1
锌	Zn	+2	硫酸根	SO_4^{2-}	-2
氢	H	+1	碳酸根	CO_3^{2-}	-2
氟	F	-1	铵根	NH_4^+	+1
锰	Mn	+2、+4、+7	氮	N	-3、+2、+3、+4、+5

为了便于确定化合物中元素的化合价,需要注意以下几点:

1. 化合价有正价和负价

① 氧元素通常为 -2 价,氢元素通常为 +1 价。

② 金属元素跟非金属元素化合时,金属元素显正价,非金属元素显负价。

③ 一些元素在不同的物质中可显不同的化合价。

2. 在化合物中正负化合价代数和为 0

3. 在单质里元素的化合价为 0

【例题 1】标出下列物质中每个元素的化合价。

氯化钙　　　　　金属铁　　　　　硝酸钠

解：先写出各物质的化学式

CaCl₂　　　　　　Fe　　　　　　　NaNO₃

然后在化学式中每个元素符号的上方标出相应的化合价。

$\overset{+2\ -1}{CaCl_2}$　　　　$\overset{0}{Fe}$　　　　$\overset{+1\ +5\ -2}{NaNO_3}$

【例题 2】已知氧为 −2 价，计算五氧化二磷中磷的化合价。

解：写出五氧化二磷化学式 P_2O_5，根据化合物正负化合价代数和为 0 计算：

磷的化合价×磷的原子数＋氧的化合价×氧的原子数＝0

设磷的化合价为 x，则有

$$x×2+(-2)×5=0$$

$$x=+5$$

答：磷的化合价为 +5 价。

思考与交流

1. 某同学总结出了化学式书写的一般步骤：

① 正价左，负价右；② 标出化合价；③ 化合价交叉不带符号（化合价相等时不交叉）。

例如：硫酸钠化学式的书写：先写钠，再写硫酸根得 NaSO₄；标出化合价 $\overset{+1\ \ \ -2}{NaSO_4}$；化合价交叉不带符号得 Na₂SO₄

又如氧化钙的书写：先写钙，再写氧得 CaO；标出化合价 $\overset{+2\ -2}{CaO}$；因化合价相等，故不交叉，得 CaO。

2. 请你按照上述步骤书写下列化学式

硝酸　　　硫酸钾　　　氢氧化铝　　　碳酸钙

科学视野

拿破仑之死

1814 年，拿破仑被俘流放，死在圣赫勒拿岛。据美国《百科全书》记载，他死于胃病。多年来，法国人却认为他是被英国人毒死的。但谁也拿不出可靠的证据。一代君主的死，成了历史上遗留下来的谜！150 年后，科学家找到拿破仑的一根头发，如获至宝，把这根

资料卡片

化合价顺口溜

钾钠银氢正一价，

氟氯溴碘负一价，

钙镁钡锌正二价，

氧硫通常负二价。

一二铜，二三铁，

汞二，铝三，

硅四价。

单质元素为零价。

负一硝酸氢氧根，

负二硫酸碳酸根，

负三记住磷酸根，

正一价的是铵根。

头发切成小段,放入原子反应堆中接受中子反射,发现头发里含有比正常人多 40 倍的砷元素。因此确认,这位 19 世纪在欧洲叱咤风云的人物是死于砷中毒。

为什么纤纤细发竟能解开拿破仑死亡之谜呢? 原来,头发跟血液一样,也含有几十种微量元素,它能准确显示出一个人的健康状况。尽管拿破仑到底是死于人为的放毒呢,还是死于地方性砷中毒,尚无定论,但圣赫勒拿岛上的食物和生活用水,都含有较高的砷,却是谁也不能否定的事实。

当今化学证实,头发颜色及其变化,与所含的金属元素浓度相关。黑色头发含有钼;红棕色头发含有铜、铁、钴;当头发中镍含量增多时,就会变成灰白色。反过来,从头发颜色的变化,可以揭示环境污染的真相。美国旧金山有两个金发女郎,漂亮的金发逐渐变成绿色。盘根究底,是她们生活在铜矿区,受到铜污染的缘故。

头发犹如环境监测器,时刻在向人们报警:你生活的环境是否有污染,是何种元素作祟,从而采取相应的对策。

大量的化学分析表明,城市居民头发中的铅含量,大大高于农村居民,这是由于城市居民长期吸入汽车含铅尾气的缘故;在繁乱的交通线附近的居民和从事铅作业的工人,其头发中含铅量更高;生活在海边,一日三餐有鱼虾的人,其头发汞含量比内地人高好几倍。随着科学技术的进步,为人健美添光华的头发,将成为人们信得过的环境污染监测哨。

习题 §1.1

一、填空题

1. 用化学式填空

氮气_____;过氧化氢_____;氧化铝_____;氯化钙_____;
硫酸铜_____;氢氧化钙_____;碳酸钠_____。

2. 下图各个容器中,所盛物质属于混合物的是_____(填序号,下同);属于单质的是_____;属于氧化物的有_____。

| 液氧　　A | SO_2 与 SO_3　　B | 冰　水　　C |

3. 用化学用语表示:2 个铜原子_____;氧化镁中镁元素的化合价为 +2 价_____。

4. 把 N_2、N_2O_5、NH_3、NO_2、N_2O 这 5 种物质,按氮元素的化合价由低到高排列,顺序是_____。

二、选择题

1. 下列符号中数字"2"表示的意义正确的是(　　　)。

　　A. 2Cl 表示两个氯原子

　　B. CO_2 表示一个二氧化碳分子中含有一个氧分子

　　C. 氧化镁中镁原子的化合价为＋2 价

　　D. Fe^{2+} 表示一个铁离子带两个单位正电荷

2. 常见的化合价记忆口诀,有一句是"SO_4^{2-}、CO_3^{2-} 负二价;NO_3^-、OH^- 负一价;还有 NH_4^+ 正一价"。请问 NH_4^+ 中氮元素的化合价是(　　　)。

　　A. －3　　　　　　　B. ＋1　　　　　　　C. ＋3　　　　　　　D. ＋5

3. 五氧化二钒(V_2O_5)中钒元素的化合价为(　　　)。

　　A. －3　　　　　　　B. ＋1　　　　　　　C. ＋3　　　　　　　D. ＋5

4. 下列含氮元素的化合物中,氮元素化合价最高的是(　　　)。

　　A. NO　　　　　　　B. NO_2　　　　　　C. N_2O_5　　　　　　D. N_2O

5. 下列物质中,硫元素的化合价为＋6 的是(　　　)。

　　A. H_2SO_4　　　　　　B. SO_2　　　　　　C. S　　　　　　D. H_2SO_3

三、解答题

1. 将下表中各元素相互组成的化合物化学式填写在相应的空格中。

正价元素 负价元素 或根	$\overset{+1}{H}$	$\overset{+1}{Na}$	$\overset{+2}{Mg}$	$\overset{+3}{Al}$	$\overset{+2}{Fe}$	$\overset{+3}{Fe}$	$\overset{+2}{Cu}$
$\overset{-1}{Cl}$							
$\overset{-2}{O}$							
$\overset{-1}{(OH)}$							
$\overset{-2}{(SO_4)}$							

2. 写出下列元素氧化物的化学式。

Ba　　　Hg　　　Mg　　　Ca　　　K　　　Si

§1.2　化学方程式

1.2.1　质量守恒定律

物质发生化学变化,生成了其他物质。那么参加反应的各物质质量的总和跟反应后生成各物质质量的总和是否相等呢? 下面我们来做两个实验。

【实验 1-1】　在底部铺有细沙的锥形瓶中,放入一粒火柴头大的白磷。在锥形瓶口的橡皮塞上安装一根玻璃管,在其上端系牢一个小气球,并使玻璃管下端能与白磷接触。

将锥形瓶和玻璃管放在托盘天平上用砝码平衡。然后,取下锥形瓶。将橡皮塞上的玻璃管放到酒精灯火焰上灼烧至红热后,迅速用橡皮塞将锥形瓶塞紧,并将白磷引燃。待锥形瓶冷却后,重新放到托盘天平上,观察天平是否平衡。

图 1-1　白磷燃烧前后质量的称量

$$\text{磷} + \text{氧气} \xrightarrow{\text{点燃}} \text{五氧化二磷}$$

$$P \qquad O_2 \qquad\qquad P_2O_5$$

【实验 1-2】 　在 100mL 烧杯中加入 30mL 稀硫酸铜溶液,将几根铁钉用砂纸打磨干净,将盛有硫酸铜溶液的烧杯和铁钉一起放在托盘天平上称量,记录所称的质量 m_1。

　　将铁钉浸到硫酸铜溶液中,观察实验现象。待反应一段时间后溶液颜色改变时,将盛有硫酸铜溶液和铁钉的烧杯放到托盘天平上称量,记录所称的质量为 m_2。比较反应前后的质量。

图 1-2　硫酸铜和铁钉反应前后质量的称量

$$\text{铁} + \text{硫酸铜} \longrightarrow \text{铜} + \text{硫酸亚铁}$$

实验方案	方案一	方案二
实验现象		
反应前后质量总和的比较		
分　析		

　　从上面两个实验都可以看出,反应后天平两边都仍然是平衡的,说明反应前后物质的质量总和没有变化。无数的实验证明,参加化学反应的各物质的质量总和,等于反应后生成的各物质的质量总和,这个规律叫做质量守恒定律。

　　为什么在发生化学反应的前后,各物质的质量总和相等呢?这是因为化学反应的过程,就是参加反应的各物质的原子,重新组合而生成其他物质的过程。也就是说,在一切化学反应里,反应前后原子的种类没有变化,原子的数目也没有增减,所以,化学反应前后各物质的质量总和必然相等。

1.2.2　化学方程式的书写

化学方程式反映物质参加化学反应的客观事实。因此,书写化学方程式要遵守两个原则:一是必须以客观事实为基础,决不能凭空臆想、臆造事实上不存在的物质和化学反应;二是要遵守质量守恒定律,等号两边原子的种类与数目必须相同。

下面以磷在空气中燃烧生成五氧化二磷的反应为例,说明书写化学方程式的步骤。

1. 写出反应物和生成物的化学式

根据实验的事实,在式子的左边写出反应物的化学式,在式子的右边写出生成物的化学式,如果反应物或生成物不止一种,就分别用加号把他们连接起来,并在式子的左、右两边之间划一条短线。

$$P + O_2 \text{——} P_2O_5$$

2. 配平化学方程式

写化学方程式必须遵守质量守恒定律。因此,式子左、右两边的化学式前面要配上适当的系数,使式子左、右两边的每一种元素的原子总数相等。化学上把这个过程叫做**化学方程式的配平**。配平化学方程式的方法有很多种,上面的式子一般可以用最小公倍数法来确定系数。在这个式子里,左边的氧原子数是2,右边的氧原子数是5,两数的最小公倍数就是10,因此在 O_2 前面要配上系数5,在 P_2O_5 前面配上系数2。

$$P + 5O_2 \text{——} 2P_2O_5$$

式子右边的磷原子数是4,左边的磷原子数是1,因此,应在 P 的前面配上系数4。

$$4P + 5O_2 \text{——} 2P_2O_5$$

式子两边各元素的原子数配平后,把短线改成等号。

$$4P + 5O_2 \text{===} 2P_2O_5$$

如果在特定条件下进行的反应,还必须把外界条件,如点燃、加热(用"△"表示)、催化剂等等,写在等号的上方。如果生成物中有沉淀或者气体产生,一般应该用"↓"号或者"↑"号表示出来。例如:

$$2KMnO_4 \xrightarrow{\triangle} K_2MnO_4 + MnO_2 + O_2 \uparrow$$
$$CuSO_4 + 2NaOH \text{===} Na_2SO_4 + Cu(OH)_2 \downarrow$$
$$S + O_2 \xrightarrow{\text{点燃}} SO_2$$

思考与交流

化学方程式的配平除了最小公倍数法以外,最常用的还有奇数配偶法。

该方法的适用条件是:方程式中所配元素的原子个数的奇数只出现一次。

例如:$H_2O_2 \xrightarrow{\text{光}} H_2O + O_2 \uparrow$

解析:方程式中只有水中的氧原子为奇数,先把 H_2O 的系数配成 2,再根据氢原子确定 H_2O_2 的系数为 2,最后确定 O_2 的系数为 1

配平结果为 $2H_2O_2 \xrightarrow{\text{光}} 2H_2O + O_2 \uparrow$

利用上述方法配平如下方程式:

1. $FeS_2 + O_2 \xrightarrow{\text{燃烧}} Fe_2O_3 + SO_2$

2. $Fe + H_2O \xrightarrow{\text{高温}} H_2 + Fe_3O_4$

1.2.3 利用化学方程式的简单计算

研究物质的化学变化,常要涉及量的计算,根据化学方程式的计算就可以从量的方面研究物质的变化。例如,用一定量的原料最多可以生产出多少产品? 制备一定量的产品最少需要多少原料? 等等。通过计算,可以加强生产的计划性,并有利于合理地利用资源。

下面,用实例来说明利用化学方程式进行计算的步骤和方法。

【例题 1】锌和盐酸反应生成氢气和氯化锌。实验室里用 6.5g 锌和足量盐酸反应,可以制得氢气和氯化锌的质量各是多少?

(1) 设未知数　　　　　解:设 6.5g 锌与足量盐酸反应后可以制得氢气为 x,氯化锌为 y。

(2) 写出反应方程式　　$Zn + 2HCl =\!=\!= ZnCl_2 + H_2 \uparrow$

(3) 写出相关物质的化学计量数与相对分子质量的乘积以及已知量、未知量

$$
\begin{array}{cccc}
65 & 65+35.5\times2 & 1\times2 \\
6.5g & y & x \\
\end{array}
$$

$$\frac{65}{6.5g} = \frac{1\times2}{x} \qquad \frac{65+35.5\times2}{y} = \frac{65}{6.5g}$$

(4) 列出比例式,求解　　$x = 0.2g \quad y = 13.6g$

(5) 简明地写出答案　　答:6.5g 锌与足量盐酸反应后可以制得氢气为 0.2g,氯化锌为 13.6g

【例题 2】工业上,煅烧石灰石($CaCO_3$)可制得生石灰(CaO)和二氧化碳。如果要制得 5.6t 氧化钙,需要碳酸钙的质量是多少?

解:设需要碳酸钙的质量为 x。

$$CaCO_3 \xrightarrow{\text{高温}} CaO + CO_2 \uparrow$$

$$
\begin{array}{cc}
100 & 56 \\
x & 5.6t \\
\end{array}
$$

$$\frac{100}{x} = \frac{56}{5.6t}$$

$$x = 10t$$

答:需要碳酸钙为 10t

需要注意的是,在实际生产中和科学研究中,所用原料很多是不纯的,在进行计算时应考虑到杂质的问题,这将在以后的课程中学习。

科学视野

近代化学的奠基人——拉瓦锡

拉瓦锡 1743 年生于巴黎,是法国著名化学家,近代化学的奠基人之一。拉瓦锡与他人合作制定出化学物种命名原则,创立了化学物种分类新体系。拉瓦锡根据化学实验的经验,用清晰的语言阐明了质量守恒定律和它在化学中的运用。这些工作,特别是他所提出的新观念、新理论、新思想,为近代化学的发展奠定了重要的基础,因而后人称拉瓦锡为近代化学之父。

1775 年,拉瓦锡对氧气进行研究。他发现可燃物燃烧时增加的质量恰好是空气中氧气减少的质量。以前认为可燃物燃烧时吸收了一部分空气,实际上是吸收了氧气,与氧气化合,这就彻底推翻了燃素说的燃烧学说。

1777 年,拉瓦锡批判燃素说:"化学家从燃素说只能得出模糊的要素,它十分不确定,因此可以用来任意地解释各种事物。有时这一要素是有重量的,有时又没有重量;有时说它是自由之火,有时又说它与土素相化合成火;有时说它能通过容器壁的微孔,有时又说它不能透过;它能同时用来解释碱性和非碱性、透明性和非透明性、有颜色和无色。它真是只变色虫,每时每刻都在改变它的面貌。"

1777 年 9 月 5 日,拉瓦锡向法国科学院提交了划时代的《燃烧概论》,系统地阐述了燃烧的氧化学说,将燃素说倒立的化学正立过来。这本书后来被翻译成多国语言,逐渐扫清了燃素说的影响。化学自此切断与古代炼丹术的联系,揭掉神秘和臆测的面纱,取而代之的是科学实验和定量研究。化学由此也进入定量化学(即近代化学)时期。

拉瓦锡对化学的第三大贡献是否定了古希腊哲学家的四元素说和三要素说,建立在科学实验基础上的化学元素的概念:"如果元素表示构成物质的最简单组分,那么目前我们可能难以判断什么是元素;如果相反,我们把元素与目前化学分析最后达到的极限概念联系起来,那么,我们现在用任何方法都不能再加以分解的一切物质,对我们来说,就算是元素了。"

在 1789 年出版的历时四年写就的《化学概要》里,拉瓦锡列出了第一张元素一览表,元素被分为四大类:

1. 简单物质,光、热、氧、氮、氢等物质元素。

2. 简单的非金属物质,硫、磷、碳、盐酸素、氟酸素、硼酸素等,其氧化物为酸。

3. 简单的金属物质,锑、银、铋、钴、铜、锡、铁、锰、汞、钼、镍、金、铂、铅、钨、锌等,被氧化后生成可以中和酸的盐基。

4. 简单物质,石灰、镁土、钡土、铝土、硅土等。

习题 §1.2

一、填空题

1. 写出下列反应的化学方程式。

(1) 木炭在氧气中燃烧_____。

(2) 过氧化氢溶液分解制氧气_____。

(3) 加热高锰酸钾制氧气_____。

(4) 镁在空气中燃烧生成氧化镁_____。

(5) 碳酸氢钠加热分解成碳酸钠、水和二氧化碳_____。

2. _____各物质的质量总和,等于_____各物质的质量总和,这个规律叫做质量守恒定律。

3. 书写化学方程式要遵守两个原则:一是必须以_____为基础;二是要遵守_____定律,等号两边各原子的种类与数目必须相同。

二、选择题

1. 下列四个反应中生成物都是 C,如果 C 的化学式为 A_2B_3,则该反应的化学方程式为( )。

    A. $AB_2 + B_2 = 2C$ B. $AB_2 + 2B_2 = 2C$

    C. $2AB_2 + B_2 = 2C$ D. $4AB + B_2 = 2C$

2. 下列叙述中正确的是( )。

    A. 镁带在空气中燃烧后,生成物的质量跟原镁带的质量相等

    B. 按任意体积混合后的氢气和氧气的总质量,跟反应后生成水的质量相等

    C. 二氧化硫气体通入氢氧化钠溶液时,溶液增加的质量就是被吸收的二氧化硫的质量

    D. 煤球燃烧后质量减轻,这不符合质量守恒定律

3. 配平化学方程式时,所配化学计量数是否正确的依据是看等号两边( )。

    A. 化学式前化学计量数之和是否相等

    B. 各种元素的种类是否相同

    C. 各种物质的状态是否相同

    D. 各种元素的原子总数是否相等

4. 下列对应的化学方程式书写正确的是( )。

    A. 工业上用赤铁矿(主要成分是 Fe_2O_3)炼铁:$3CO + Fe_2O_3 = 3CO_2 + 2Fe$

    B. 用含有还原性铁粉的麦片补铁:$2Fe + 6HCl = 2FeCl_3 + 3H_2\uparrow$

    C. 用氢氧化钠处理含硫酸的废水:$NaOH + H_2SO_4 = Na_2SO_4 + H_2O$

    D. 正常的雨水显酸性:$CO_2 + H_2O = H_2CO_3$

5. 下列化学方程式中,书写正确的是( )。

A. $2H_2O_2 \xrightarrow[\triangle]{催化剂} 2H_2O + O_2 \uparrow$　　　　B. $4Fe + 3O_2 \xrightarrow{点燃} 2Fe_2O_3$

C. $H_2 + O_2 \xrightarrow{点燃} H_2O$　　　　D. $2Ag + 2HCl \xlongequal{\hspace{1em}} 2AgCl + H_2 \uparrow$

6. 在反应 $2A + B = 2C$ 中，1.6g 的 A 完全反应生成 2gC，又知 B 的相对分子质量为 32，则 C 的相对分子质量为（　　　）。

　　A. 28　　　　　　B. 64　　　　　　C. 44　　　　　　D. 80

7. 利用化学方程式进行计算的依据是（　　　）。

　　A. 化学方程式表示了一种化学反应的过程

　　B. 化学方程式表示了反应物、生成物和反应条件

　　C. 化学方程式表示了反应前后反应物和生成物的质量关系

　　D. 化学方程式中，各反应物质量比等于各生成物质量比

8. 已知 A 物质发生分解反应生成 B 物质和 C 物质，当一定量的 A 反应片刻后，生成 56 克 B 和 44 克 C；则实际发生分解的 A 物质的质量为（　　　）。

　　A. 12 克　　　　　B. 44 克　　　　　C. 56 克　　　　　D. 100 克

9. 氯酸钾和二氧化锰的混合物共 A 克，加热完全反应后得到 B 克氧气和 C 克氯化钾，则混合物中二氧化锰的质量为（　　　）。

　　A. （A＋B－C）克　　　　　　　　B. （A－B－C）克

　　C. （A＋B＋C）克　　　　　　　　D. （A＋C）克

三、解答题

1. 配平和完成下列化学方程式

(1) $Al + Fe_3O_4 \longrightarrow Fe + Al_2O_3$

(2) $C + Fe_2O_3 \longrightarrow Fe + CO_2$

(3) $Cl_2 + Ca(OH)_2 \longrightarrow CaCl_2 + Ca(ClO)_2 + H_2O$

(4) $C_6H_6 + O_2 \longrightarrow CO_2 + H_2O$

2. 随着人们生活质量的提高，越来越多的家庭喜欢在客厅养些观赏鱼类。为了防止在长途运输中鱼的死亡，要在水中加入适量的过氧化钙（CaO_2）增加水中的容氧量，同时又可以吸收水中的二氧化碳气体。过氧化钙与水反应的方程式：$2CaO_2 + 2H_2O \xlongequal{\hspace{1em}} 2Ca(OH)_2 + O_2 \uparrow$

(1) 过氧化钙中钙元素的化合价是什么？

(2) 若要产生 48g 氧气，理论上需要多少克过氧化钙？

3. 制取 22 吨二氧化碳，需煅烧含碳酸钙 80% 的石灰石多少吨？

§1.3　酸、碱、盐、单质、化合物

1.3.1　酸

1. 几种常见的酸

初中阶段,我们已经学习过几种酸,常见的酸有盐酸(HCl)、硫酸(H_2SO_4)、硝酸(HNO_3)、磷酸(H_3PO_4)和醋酸(CH_3COOH)。酸可以使指示剂紫色石蕊溶液变红色,不能使无色的酚酞变色。酸性溶液的 pH 值通常小于 7。

盐酸和硫酸的用途十分广泛。例如:

	用　途
盐酸(HCl)	重要化工产品。用于金属表面除锈、制造药物(如盐酸麻黄素、氯化锌)等;人体胃液中含有盐酸,可以帮助消化。
硫酸(H_2SO_4)	重要化工原料。用于生产化肥、农药、火药、染料以及冶炼金属、精炼石油和金属除锈等。 浓硫酸有吸水性,在实验室中常用它作干燥剂。

2. 浓硫酸

浓硫酸具有强烈的腐蚀性。它能夺取纸张、木材、布料、皮肤里的水分,生成黑色的碳。所以,使用浓硫酸时应十分小心。

在稀释浓硫酸时,一定要把浓硫酸沿器壁慢慢注入水中,并不断搅拌。切不可将水倒进浓硫酸里。

如果不慎将浓硫酸沾到皮肤或者衣服上,应立即用大量水冲洗,然后涂上 3%～5% 的碳酸氢钠溶液。

3. 酸的化学性质

(1)酸可以和金属反应

比如:镁、锌和铁与酸发生反应

	与稀盐酸反应	与稀硫酸反应
镁	$Mg + 2HCl = MgCl_2 + H_2\uparrow$	$Mg + H_2SO_4 = MgSO_4 + H_2\uparrow$
锌	$Zn + 2HCl = ZnCl_2 + H_2\uparrow$	$Zn + H_2SO_4 = ZnSO_4 + H_2\uparrow$
铁	$Fe + 2HCl = FeCl_2 + H_2\uparrow$	$Fe + H_2SO_4 = FeSO_4 + H_2\uparrow$

(2)酸可以和金属氧化物反应

例如:铁锈和盐酸、硫酸发生反应

	化学方程式
铁锈和盐酸	$Fe_2O_3 + 6HCl == 2FeCl_3 + 3H_2O$
铁锈和硫酸	$Fe_2O_3 + 3H_2SO_4 == Fe_2(SO_4)_3 + 3H_2O$

1.3.2　碱

1. 几种常见的碱

（1）氢氧化钠（NaOH）

我们常用的碱有氢氧化钠（NaOH）、氢氧化钙〔$Ca(OH)_2$〕、氢氧化钾（KOH）和氨水（$NH_3 \cdot H_2O$）。碱可以使指示剂紫色石蕊试纸变蓝,使无色的酚酞溶液变红。碱溶液的pH值通常大于7。

在使用氢氧化钠时必须十分小心,防止眼睛、皮肤、衣服被它腐蚀。氢氧化钠曝露在空气中时容易吸收水分,表面潮湿并逐渐溶解,这类现象叫做潮解。因此,氢氧化钠可用作某些气体的干燥剂。

氢氧化钠是一种重要的化工原料,广泛应用于肥皂、石油、造纸、纺织和印染等工业。氢氧化钠能与油脂反应,在生活中可用来去除油污,如炉具清洁剂中就含有氢氧化钠。

（2）氢氧化钙〔$Ca(OH)_2$〕

氢氧化钙俗称熟石灰或消石灰,它可由生石灰（CaO）与水反应得到:

$$CaO + H_2O == Ca(OH)_2$$

2. 碱的化学性质

（1）碱可以和部分氧化物发生反应

例如:氢氧化钠与二氧化碳反应

$$2NaOH + CO_2 == Na_2CO_3 + H_2O$$

（2）碱可以与酸发生中和反应

例如:氢氧化钾与盐酸发生反应

$$KOH + HCl == KCl + H_2O$$

实际生活中,我们可以利用中和反应,在土壤中加入酸性或者碱性物质来调节土壤的酸碱性,利于植物的生长。此外人的胃液里含有适量盐酸,可以帮助消化,但是如果饮食过量时,胃会分泌出大量胃酸,反而造成消化不良。在这种情况下,可以遵医嘱服用某些含有碱性物质的药物,以中和过多的胃酸。

科学视野

石灰"家族"

石灰是人们生活中常见的物质。石灰家族里有名叫生石灰、熟石灰、石灰水、石灰乳、碱石灰等的兄弟姐妹,还有它们的妈妈,妈妈叫石灰石。有些同学可能对于它们各自的面貌还弄不清楚,我来介绍一下:

石灰石，生在深山里，是一种青色的石头。石灰石的山，一般风景较优美，入桂林多石灰石，那里青山绿水，有许多大溶洞，形成了许多石笋、石钟乳。石灰石的主要化学成分是碳酸钙($CaCO_3$)，它又是水泥和其他工业的原料。与石灰石成分相同的是它的妹妹，名叫大理石，它长得洁白、晶亮，漂亮极了，它是高级建筑物的装饰材料。石灰石通过锻烧变成生石灰。

生石灰的成分是氧化钙(CaO)，白色块状物，它的吸水性很强，常用作干燥剂，它与水反应变成熟石灰。

熟石灰的成分是氢氧化钙〔$Ca(OH)_2$〕，白色粉末，具有强烈的腐蚀性，因此又名苛性钙，主要用作建筑材料，室内墙壁、砌砖的料浆缺它不行。化工方面用它制漂白粉。因为它是生石灰加水消化而成的，因此又名消石灰。

石灰乳是混浊的石灰水，又称氢氧化钙混浊液，它是固体和液体的混合物。常用来涂刷旧墙壁、配制波尔多液（与硫酸铜配合）和石硫合剂（与硫磺配合）用作农药杀虫剂。

石灰水是氢氧化钙的溶液。石灰乳澄清（通过静置）后的上层清液是饱和的石灰水，碱性很强，家庭里用它来做米豆腐。

碱石灰，是氧化钙与氢氧化钠的混合物。

1.3.3　盐

1. 几种常见的盐

日常生活中所说的盐，通常是指食盐（主要成分是 $NaCl$）；而化学意义上的盐一般是指一类组成里含有金属离子和酸根离子的化合物，如碳酸钠（Na_2CO_3，俗称纯碱、苏打）、碳酸氢钠（$NaHCO_3$ 又叫小苏打）、高锰酸钾（$KMnO_4$）和大理石（主要成分为 $CaCO_3$）等也属于盐。

2. 常见盐的化学性质

盐还可以和酸、碱、盐发生反应。例如：
$$CaCO_3+2HCl=\!=CaCl_2+H_2O+CO_2\uparrow$$
$$Na_2CO_3+2HCl=\!=2NaCl+H_2O+CO_2\uparrow$$
$$NaHCO_3+HCl=\!=NaCl+H_2O+CO_2\uparrow$$
$$Na_2CO_3+Ca(OH)_2=\!=CaCO_3\downarrow+2NaOH$$
$$Na_2SO_4+BaCl_2=\!=BaSO_4\downarrow+2NaCl$$

分析上述这些反应，它们都是由两种化合物相互交换成分，生成另外两种化合物的反应，这样的反应叫做复分解反应。酸、碱、盐之间并不是都能发生复分解反应的。只有当两种化合物相互交换成分，生成物中有沉淀、气体或水生成时，复分解反应才可以发生。

1.3.4　单质和化合物

首先我们需要知道纯净物和混合物的概念。纯净物是由一种物质组成的物质。混合物是由两种或者两种以上的物质组成。而单质和化合物都必须是纯净物。由同种元素组成的纯净物叫做单质,如氢气(H_2)、氮气(N_2)、铁(Fe)和碳(C)等,由不同种元素组成的纯净物叫做化合物,如二氧化碳(CO_2)、氧化铜(CuO)和氯化钠(NaCl)等。

 思考与交流

1. 酸、碱、盐在组成上各有什么特点呢?
2. 根据复分解反应的定义,判断酸碱中和反应属于复分解反应吗?

 科学视野

生活中的氯化钠

氯化钠除了是重要的调味品之外,还是人的正常生理活动所必不可少的。人体内所含的氯化钠大部分都以离子的形式存在于血液中。钠离子对维持细胞内外正常的水分分布和促进细胞内外物质交换起重要作用;氯离子是胃液中的主要成分,具有促生盐酸、帮助消化和增进食欲的作用。人们每天都要摄入一些食盐来补充由于出汗、排尿等而排出的氯化钠,以满足人体的正常需要(每人每天约需 3~5g 食盐)。但长时间过多食用食盐也不利于人体健康。

氯化钠的用途很多。例如,医疗上的生理盐水是用氯化钠配制的;农业上可以用氯化钠溶液来选种。工业上常以氯化钠为原料来制取碳酸钠、氢氧化钠、氯气和盐酸等。此外,还可用食盐腌渍蔬菜、鱼、肉、蛋等,腌制成的食品不仅风味独特,还可延长保存时间。公路上的积雪也可以用氯化钠来消除,等等。

图 1-3　生活中的氯化钠　　　　　　　图 1-4　盐田

氯化钠在自然界中分布很广,除海水里含有大量的氯化钠外,盐湖、盐井和盐矿中也蕴藏着氯化钠。通过晾晒海水或煮盐井水、盐湖水等,可以蒸发除去其水分,得到含有较多杂质的氯化钠晶体——粗盐。

习题 §1.3

一、填空题

1. 人们常说:①高原上缺氧②生理盐水③胃酸过多④发酵粉中的小苏打。请用化学符号表示:① 中的"氧"_____;② 中的"盐"_____;③ 中的"酸"_____;④ 中的小苏打_____。

2. 实验室常用 pH 来表示溶液的_____;当 pH _____ 7 时,溶液呈酸性;当 pH _____ 7 时,溶液呈碱性。(填" > "或" < "或" = ")

3. 下列酸、碱、盐都是由碳、氢、氧、钠四种元素中的全部或部分元素组成,请按要求填写化学式:(1)一种碱_____;(2)一种酸_____;(3)两种盐_____、_____。

4. 下面是厨房中常用的物质,用它们的序号填空。

① 食醋　② 纯碱　③ 煤气

属于燃料的是 _____,其水溶液 pH ＜ 7 的是 _____,属于盐类物质的是_____。

5. 人的胃液里含有适量盐酸,服用含 $MgCO_3$ 的抗酸药可治疗胃酸过多症,有关反应的化学方程式为_____;该抗酸药说明书上标明的食用方法为"嚼食",将药片嚼碎后服用的优点是_____。

6. 氢氧化钠固体容易吸收空气中_____而潮解,所以必须密封保存。实验室常用来作气体的干燥剂吸收水分,但不能干燥 CO_2 等酸性气体,原因是_____:制革工业中用熟石灰给毛皮脱毛,剩余的熟石灰用盐酸来中和,则反应的化学方程式_____。

二、选择题

1. 蛋壳的主要成分是碳酸钙,如果制作一个无壳鸡蛋,应该从厨房中选择鸡蛋和下列物质中的( )。

　　A. 味精　　　　　　B. 白酒　　　　　　C. 酱油　　　　　　D. 食醋

2. 下列化学反应中,属于复分解反应的是( )。

　　A. $Fe + CuSO_4 = FeSO_4 + Cu$　　　　　　B. $2H_2 + O_2 \xrightarrow{\text{点燃}} 2H_2O$

　　C. $CO_2 + 2NaOH = Na_2CO_3 + H_2O$　　　　D. $NaOH + HCl = NaCl + H_2O$

3. 向 2mL 氨水中滴加 5~6 滴紫色石蕊试液,充分振荡后溶液颜色将变成( )。

　　A. 红色　　　　　　B. 紫色　　　　　　C. 无色　　　　　　D. 蓝色

4. 下列物质属于碱类的是( )。

　　A. 碳酸钠　　　　　B. 熟石灰　　　　　C. 生石灰　　　　　D. 石灰石

5. 下列各组物质的溶液混合后,不能发生反应的是( )。

　　A. NaCl 和 H_2SO_4　　　　　　　　　　B. NaOH 和 HCl

　　C. Na_2CO_3 和 H_2SO_4　　　　　　　　　　　D. $AgNO_3$ 和 $NaCl$

6. 下列溶液中 pH 大于 7 的是(　　)。

　　A. 盐酸　　　　　　　B. 氢氧化钠溶液　　　C. 食用醋　　　　　　D. 稀硫酸

7. 下列溶液中分别滴加烧碱溶液,产生蓝色沉淀的是(　　)。

　　A. $MgCl_2$　　　　　　B. $CuSO_4$　　　　　　C. KNO_3　　　　　　D. $FeCl_3$

§1.4　物质的分类和化学反应类型

1.4.1　简单的物质分类法及其应用

　　化学概念上的物质达 3000 多万种,如果要逐个研究根本就无法穷尽,按照分类方法可以找到物质之间的共性,所以分类法很重要。

　　由于一种分类方法所依据的标准有一定局限,所能提供的信息较少,人们在认识事物时往往需要采用多种分类方法,来弥补单一分类方法的不足。例如,对于 Na_2CO_3,从其组成的阳离子来看,属于钠盐;从其组成的阴离子来看,则属于碳酸盐。

　　这里要介绍的第一种分类方法是交叉分类法——按照物质的某个成分来分类,例如硫酸钠,可以划分为硫酸盐、钠盐,碳酸钾可以划分为碳酸盐和钾盐,每个物质都属于不止一类,这就是交叉分类法,如图 1-5。

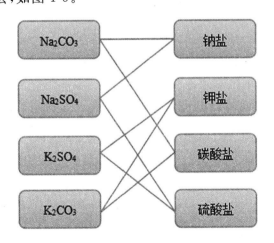

图 1-5　交叉分类法举例

　　第二种是树状分类法,按照所属范围从大到小来分类,这种方法应用最普遍,最系统,在化学、生物、物理学中都有广泛应用,如图 1-6。

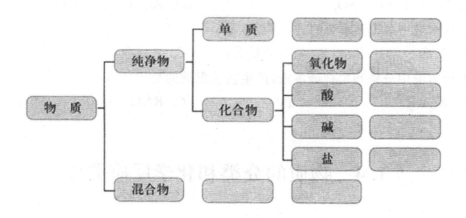

图 1-6　树状分类法举例

1.4.2　化学反应类型

化学反应类型,一般可分为化合反应、分解反应、置换反应和复分解反应。

1. 化合反应

由两种或两种以上的物质生成一种新物质的反应。金属与非金属直接化合或非金属与非金属直接化合都属于这一类。如:

氢气在氧气中燃烧生成水:$2H_2 + O_2 \xrightarrow{\text{点燃}} 2H_2O$

金属镁在空气中燃烧生成氧化镁:$2Mg + O_2 \xrightarrow{\text{点燃}} 2MgO$

还有酸性氧化物与水作用或者碱性氧化物与水作用也属于这种反应。如:

$$CO_2 + H_2O = H_2CO_3$$

$$CaO + H_2O = Ca(OH)_2$$

2. 分解反应

由一种物质生成两种或两种以上新物质的反应。如物质的加热分解:

$$2HgO \xrightarrow{\triangle} 2Hg + O_2 \uparrow$$

$$CaCO_3 \xrightarrow{\text{高温}} CaO + CO_2 \uparrow$$

3. 置换反应

一种单质和一种化合物作用,生成另一种单质和另一种化合物的反应。如金属与酸作用或金属与盐作用:

$$Zn + 2HCl = ZnCl_2 + H_2 \uparrow$$

$$Fe + CuSO_4 = FeSO_4 + Cu$$

4. 复分解反应

由两种化合物相互交换成分,生成另外两种新的化合物的反应。盐与盐的反应、碱与盐的反应、酸与盐的反应、酸与碱的反应等都属于这一类。

$$NaCl + AgNO_3 = NaNO_3 + AgCl \downarrow$$

$$CuSO_4 + 2NaOH \!=\!=\! Cu(OH)_2\downarrow + Na_2SO_4$$

$$CaCO_3 + 2HCl \!=\!=\! CaCl_2 + H_2O + CO_2\uparrow$$

$$NaOH + HCl \!=\!=\! NaCl + H_2O$$

 思考与交流

是不是所有的化学反应都可以归结到上述四个反应类型中呢？大家看如下化学反应方程式：$C + CaCO_3 \xrightarrow{\text{高温}} CaO + 2CO\uparrow$ 判断它是否属于上述反应类型中的一种？

习题 §1.4

一、填空题

1. 现有几种物质：①MgO　②H_2　③空气　④H_2O　⑤NaOH　⑥$FeSO_4$　⑦碘酒　⑧C_2H_5OH 和⑨$NaHCO_3$。

其中，属于混合物的是_____（填序号，下同）；属于氧化物的是_____；属于酸的是_____；属于碱的是_____；属于盐的是_____；属于单质的是_____；属于有机物的是_____。

2. 有下列四组物质：

①水、酒精、煤、石油　②CaO、SO_3、SO_2、P_2O_5　③HNO_3、H_2SO_4、HCl、NaCl　④$KClO_3$、KCl、$KMnO_4$、HgO 各组中均有一种物质所属类别与其他物质不同，这四种物质分别是：_____、_____、_____、_____。

3. 用化学方程式表示：

(1) 用稀盐酸除去小刀上的铁锈_____。

(2) 有金属单质参加的置换反应：_____。

(3) 有非金属单质参加的反应：_____。

二、选择题

1. 下列各组物质中，按酸、碱、盐、碱性氧化物、酸性氧化物顺序排列正确的是（　　）。

　A. 盐酸、纯碱、氯酸钾、氧化镁、二氧化硅

　B. 硝酸、烧碱、次氯酸钠、氧化钙、二氧化硫

　C. 次氯酸、消石灰、硫酸铵、过氧化钠、二氧化碳

　D. 醋酸、过氧化钠、碱式碳酸铜、氧化铁、一氧化碳

2. 根据某种共性，可将 CO_2、P_2O_5、SO_2 归为一类，下列物质中，完全符合此共性而能归为此类物质的是（　　）。

　A. CaO　　　　B. CO　　　　C. SiO_2　　　　D. H_2O

3. 通过下列变化，均无法得到单质的是：①分解反应　②化合反应　③置换反应

④复分解反应(　　　)。

    A. ①②　　　　　B. ①③　　　　　C. ③④　　　　　D. ②④

4. 下列各组物质,按化合物、单质、混合物顺序排列的是(　　　)。

    A. 碳酸钠、氯气、碘酒　　　　　B. 生石灰、白磷、烧碱

    C. 干冰、铁、氯化氢　　　　　　D. 空气、氮气、胆矾

5. 芯片是电脑、"智能"家电的核心部件,它是用高纯度硅制成的。下面是生产单质硅过程中的一个重要反应:$SiO_2 + 2C \xrightarrow{\text{高温}} Si + 2CO\uparrow$,该反应的基本类型是(　　　)。

    A. 化合反应　　B. 分解反应　　C. 置换反应　　D. 复分解反应

6. 关于 $H_2 \rightarrow H_2O$,$CO \rightarrow CO_2$,$Mg \rightarrow MgO$ 三种物质的转化过程,下列说法不正确的是(　　　)。

    A. 都能通过化合反应实现　　　　B. 都能通过置换反应实现

    C. 都能通过与单质反应实现　　　D. 变化前后元素化合价都发生了改变

归纳与整理

一、化学式与化合价

用元素符号表示物质组成的式子,叫做**化学式**。根据元素的化合价可以来推求元素原子的个数比。

二、化学方程式的书写

1. 参加化学反应的各物质的质量总和,等于反应后生成的各物质的质量总和,这个规律叫做**质量守恒定律**。

2. 书写化学方程式要遵守两个原则:一是必须以客观事实;二是要遵守质量守恒定律,等号两边原子的种类与数目必须相等。

3. 化学方程式书写的两个步骤:1. 写出反应物和生成物的化学式。2. 配平化学方程式。

三、物质的分类及其化学反应类型

1. 交叉分类法和树状分类法是常用的分类方法。

2. 物质的化学变化

反应类型	定义	化学方程式(举例)
化合反应		
分解反应		
置换反应		
复分解反应		

四、酸、碱、盐的性质

	化学性质		化学方程式(或说明)
酸	1. 酸与指示剂	紫色石蕊	
		酚酞	
	2. 酸与金属反应		
	3. 酸与金属氧化物反应		
碱	1. 碱与指示剂	紫色石蕊	
		酚酞	
	2. 碱与非金属氧化物反应		
	3. 碱与酸反应		
盐	1. 盐与酸反应		
	2. 盐与碱反应		
	3. 盐与盐反应		

复 习 题

一、填空题

1. 某同学准备在实验室完成稀盐酸、氢氧化钠、碳酸钠和氯化钠 4 种无色溶液的鉴别实验,他先分别取少量这 4 种溶液于试管中,然后分别向这 4 支试管中滴入紫色石蕊试液

(1) 能使石蕊试液变红的溶液是_____,不能使石蕊试液变色的溶液是_____,剩余的 2 种溶液能使紫色石蕊试液变蓝色。

(2) 鉴别剩余的 2 种溶液,可选用的试剂是_____,发生反应的化学方程式为_____(写 1 个)。

2. 久置在空气中的氢氧化钠溶液,会生成一种盐类杂质,向其中加入稀盐酸时会产生无色气体,生成这种杂质的化学方程式为_____;向氢氧化钠溶液中滴入几滴酚酞试剂,溶液会变_____。

3. 写出下列反应的化学方程式,并注明反应的基本类型。

(1) 镁粉用于制照明弹:_____、_____。

(2) 用锌与稀硫酸反应制取氢气:_____、_____。

(3) 用熟石灰中和废水中的硫酸:_____、_____。

4. 下列各组物质中有一种物质与其他物质不属于同一类,请将其挑出来,并说明

理由。

物质组	不属于同类的物质	理由
Mg、O_2、N_2、NO		
$NaCl$、Na_2CO_3、CH_4、KCl		
H_2CO_3、H_2SO_4、$NH_3 \cdot H_2O$、H_2SiO_3		

二、选择题

1. 用于清洗龙虾的"洗虾粉"含有亚硫酸钠（Na_2SO_3），该物质对人体的健康产生危害，Na_2SO_3 中 S 元素的化合价为（　　）。

　　A. +6　　　　　　　B. +4　　　　　　　C. +2　　　　　　　D. -2

2. 冲洗照片时，需将底片浸泡在大苏打（$Na_2S_2O_3$）溶液中，大苏打中硫元素的化合价为（　　）。

　　A. 0　　　　　　　B. +2　　　　　　　C. +4　　　　　　　D. +6

3. 对质量守恒定律的正确理解是（　　）。

　　A. 参加反应的各种物质的质量不变

　　B. 化学反应前后各物质的质量不变

　　C. 化学反应前的各物质质量总和等于反应后生成的各物质质量总和

　　D. 参加化学反应的各物质质量总和与反应后生成的各物质质量总和相等

4. 化学反应遵循质量守恒定律的原因是化学反应前后（　　）。

　　A. 分子的种类没有改变　　　　　　　B. 分子的数目没有改变

　　C. 原子的种类、数目和质量都没有改变　　D. 物质的种类没有改变

5. 下列化学方程式中，书写正确的是（　　）。

　　A. $2H_2O \!=\!=\! 2H_2 \uparrow + O_2 \uparrow$

　　B. $H_2SO_4 + NaOH \!=\!=\! Na_2SO_4 + H_2O$

　　C. $Fe + 2HCl \!=\!=\! FeCl_2 + H_2 \uparrow$

　　D. $2KMnO_4 \xrightarrow{\triangle} K_2MnO_4 + MnO_2 + O_2 \uparrow$

6. 某人不慎被蜜蜂蜇伤，蜜蜂的刺液是酸性的，下列物品中可以用来涂抹在蜇伤处，减轻疼痛的是（　　）。

　　A. 苹果汁（pH 约为 3）　　　　　　　B. 牛奶（pH 约为 6.5）

　　C. 矿泉水（pH 约为 7）　　　　　　　D. 肥皂水（pH 约为 10）

7. 下列物质不能用于鉴别氢氧化钠溶液和稀盐酸的是（　　）。

　　A. 紫色石蕊试液　　　　　　　　　　B. 氯化钠溶液

　　C. 铁粉　　　　　　　　　　　　　　D. pH 试纸

8. 正确的操作能保证实验顺利进行。下列实验操作正确的是（　　）。

　　A. 配制稀硫酸时，将水沿量筒壁慢慢注入浓硫酸中，并不断搅拌

　　B. 测定溶液的 pH，先用水润湿 pH 试纸，然后将试纸插入待测液中

C. 为了达到节约药品的目的,将实验后剩余的药品放回原瓶

D. 有腐蚀性的药品不能直接放在天平的托盘上称重

9. 下列物质敞口在空气中放置一段时间后,质量减少的是(　　)。

　　A. 粗食盐　　　　　B. 固体烧碱　　　　　C. 浓盐酸　　　　　D. 浓硫酸

10. 下列物质分类的正确组合是(　　)。

	混合物	化合物	单质	盐
A	盐酸溶液	NaOH 溶液	石墨	食盐
B	食盐溶液	KNO_3 晶体	O_3	纯碱
C	氢氧化铁胶体	澄清石灰水	铁	石灰石
D	$CuSO_4 \cdot 5H_2O$	$CaCl_2$	水银	CaO

11. 下列物质中属于氧化物的是(　　)。

　　A. O_2　　　　　B. Na_2O　　　　　C. $NaClO$　　　　　D. $FeSO_4$

三、解答题

1. 某物质在氧气中充分燃烧生成二氧化碳和水。

(1) 设计实验证明二氧化碳和水的存在。

(2) 运用质量守恒定律解释:该物质中一定有碳、氢两种元素。

2. ①书写硫酸铝的化学式;②计算 H_2SO_3 中 S 的化合价;③判断碳酸钾(KCO_3)的化学式是否正确。

3. 在实验室里加热 30g 氯酸钾($KClO_3$)和二氧化锰的混合物制取氧气,完全反应后剩余固体质量为 20.4g。请计算:

(1) 生成氧气的质量为＿＿＿＿＿＿＿＿g;

(2) 原混合物中氯酸钾的质量。

4. 国家新版《生活饮用水卫生标准》已从 2013 年 7 月 1 日起强制实施,其中饮用水消毒剂除了目前采用的液氯以外,还补充了氯胺(NH_2Cl)、臭氧(O_3)。

(1) O_3 中氧元素的化合价是＿＿＿＿＿＿＿。

(2) NH_2Cl 由 ＿＿＿＿＿＿(填数字)种元素组成,其中氮元素与氢元素的质量比＿＿＿＿＿＿＿。

(3) 用 NH_2Cl 消毒时,发生反应 $NH_2Cl + X = NH_3 + HClO$,其中 X 的化学式是＿＿＿＿＿＿＿。

第2章 离子反应与氧化还原反应

我们已经知道,根据反应物和生成物的类别,可以将化学反应分为四种基本类型。当然,化学反应还有其他分类方法。在本章将从新的角度继续研究化学反应:根据反应中是否有离子参加将化学反应分为离子反应和非离子反应;根据反应中是否有电子的转移,将化学反应分为氧化还原反应和非氧化还原反应。

§2.1 分散系及其分类

把一种(或多种)物质分散在另一种(或多种)物质中所得到的体系,叫做分散系。前者属于被分散的物质,称作分散质;后者起容纳分散质的作用,称作分散剂。按照分散质或分散剂所处的状态(气态、液态、固态),它们之间可以有9种组合。

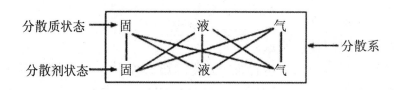

图 2-1 9种分散系

当分散剂是水或其他液体时,如果按照分散质粒子的大小来分类,可以把分散系分为溶液、胶体和浊液。溶液中的溶质粒子通常小于1nm,浊液中的粒子通常大于100nm。介于二者之间的胶体粒子,其大小在1~100nm之间。

如果考虑溶液、胶体和浊液这三类分散系的稳定性,我们会发现溶液是最稳定的。不论存放的时间有多长,在一般情况下溶质都不会自动与溶剂分离;而浊液很不稳定,分散质将在重力的作用下沉降下来,如河水中夹带的泥沙会逐渐沉降;胶体则介于二者之间,在一定条件下能稳定存在,属于介稳体系。

【实验2-1】取一烧杯,加入20mL蒸馏水,加热至沸腾,然后向沸水中滴加$FeCl_3$饱和溶液1~2mL。继续煮沸,待溶液呈红褐色后,停止加热。观察制得的$Fe(OH)_3$胶体,并与另一烧杯中的$CuSO_4$溶液比较。

新制得的$Fe(OH)_3$胶体与$CuSO_4$溶液除颜色不同外,外观上看不到明显的差别。

【实验2-2】把上述两个烧杯分别置于暗处,使一束光(幻灯机或手电筒光源)射向两杯液体,从侧面观察现象。

可以看到,光束通过第一个烧杯中的红褐色液体时,形成一条光亮的"通路"。光束通过 $CuSO_4$ 溶液时,没有看到这样的现象。如果换用 NaCl、KNO_3 等溶液做这一实验,也不会看到形成光亮"通路"的现象。这说明 $FeCl_3$ 溶液滴到沸水中所形成的 $Fe(OH)_3$ 胶体,与我们所熟悉的溶液不同,在性质上与溶液有区别。

胶体的性质与胶体分散质粒子的大小有关,如前面提到的光束通过胶体时,形成光亮的"通路",而光束通过溶液时则没有这种现象,这是因为胶体分散质的粒子比溶液中溶质的大,能使光波发生散射(光波偏离原来方向而分散传播);而溶液分散质的粒子太小,光束通过时不会发生散射。光束通过胶体,形成光亮的"通路"的现象叫做丁达尔效应。利用丁达尔效应可以区别溶液与胶体。

丁达尔效应在日常生活中随处可见。例如,当日光从窗缝隙射入暗室,或者光线透过树叶间的缝隙射入密林中时(如图 2-2 所示),可以观察到丁达尔效应;放电影时,放映室射到银幕上的光柱的形成也属于丁达尔效应。

图 2-2 森林中的丁达尔现象

20 世纪末,纳米科技开始为世人所瞩目,而纳米粒子的尺寸和胶体粒子的大小相当,原有的胶体化学原理和方法不仅有助于纳米科技的发展,胶体化学也从中获得了新的研究方向和动力。

科学视野

胶体的性质及应用

将 $Fe(OH)_3$ 胶体和泥水分别进行过滤,观察并记录现象。

为什么溶液是最稳定的分散系?因为这类分散系中的分散质(溶质)对于分散剂(溶剂)而言是可溶性的。溶质以分子、原子或离子的形式自发的分散在溶剂中,形成均一稳定的混合物。例如,SO_2、NO_2 等气体一旦进入大气,就会自动地向大气中扩散,当浓度达到一定程度时,就会造成大气污染,而且不会自动与大气分离。溶液的稳定性决定了大气污染的长期性。

胶体之所以具有介稳性,主要是因为胶体粒子可以通过吸附而带有电荷。同种胶体粒子的电性相同,在通常情况下,它们之间的相互排斥阻碍了胶体粒子变大,使它们不易聚集,此外,胶体粒子所作的不停地、无秩序的运动也使得它们不容易聚集成质量比较大的颗粒而沉降下来。胶体的介稳性,使得它们在工农业生产和日常生活中的应用很普遍,如涂料、颜料的制造,洗涤剂的应用等。

由于胶体粒子带有电荷,在电场的作用下,胶体粒子在分散剂里作定向移动,这种现象叫做电泳。例如,在盛有红褐色 $Fe(OH)_3$ 胶体的 U 形管的两个管口(U 形管上方用少量导电液使电极与胶体分开,避免胶体粒子与电极直接接触),各插入一个电极。在电极两端加上直流电压后,带有正电荷的 $Fe(OH)_3$ 胶体粒子将向阴极移动,阴极附近的颜色逐渐加深,阳极附近的颜色逐渐变浅(如图 2-3)。

向胶体中加入少量电解质溶液时,由于加入的阳离子(或阴离子)中和了胶体粒子所带的电荷,使胶体粒子聚集成为较大的颗粒,从而形成沉淀从分散剂里析出,这个过程叫做聚沉。当带有相反电荷的胶体粒子相混合时,也会发生聚沉。如果聚沉后的胶体仍然包含着大量分散剂,就成为半固态的凝胶态。豆腐、肉冻、果冻就是生活中常见到的凝胶态物质。

有的胶体体系,如大气中的飘尘、工厂废气中的固体悬浮物、矿山开采地的粉尘、纺织厂或食品加工厂弥漫于空气中的有机纤维或颗粒等都极为有害,但均可以利用胶体粒子的带电性加以清除。工厂中常用的静电除尘装置就是根据胶体的这个性质而设计的。

存在于污水中的胶体物质,则常用投加明矾、硫酸铁等电解质的方法进行处理。

胶体化学的应用很广,是制备纳米材料的有效方法之一。

通电前　　　　　　　　通电后

图 2-3　电泳现象

习题 §2.1

一、填空题

1. 浊液中分散质粒子的直径＿＿＿＿(填">"或"<")100nm,溶液中分散质粒子的直径＿＿＿＿(填">"或"<")1nm,而胶体粒子的直径介于＿＿＿＿之间。

2. 取一小烧杯加入 20mL 蒸馏水后,再向烧杯中加入 1mLFeCl₃ 溶液,振荡摇匀,将此烧杯(编号甲)与盛有 $Fe(OH)_3$ 胶体的烧杯(编号乙)一起放置暗处;分别用激光笔照射烧杯中的液体,可以看到＿＿＿＿烧杯中的液体会产生丁达尔效应。这个实验可用来区别_____。

二、选择题

1. 当光束通过下列分散系时,可能产生丁达尔效应的是(　　)。

　　A. NaCl 溶液　　　　　B. Fe(OH)$_3$ 胶体　　　　C. 盐酸　　　　　D. 稀豆浆

2. 溶液、胶体和浊液这三种分散系的根本区别是(　　)。

　　A. 是否是大量分子或离子的集合体　　　　　B. 分散质粒子的大小

　　C. 是否能通过滤纸　　　　　　　　　　　　D. 是否均一、透明、稳定

3. 用特殊方法把固体物质加工到纳米级(1～100nm)的超细粉末微粒,然后制得纳米材料,下列分散系中的分散质的粒子大小和这种粒子具有相同的数量级的是(　　)。

　　A. 溶液　　　　　　　　B. 胶体　　　　　　　　C. 悬浊液　　　D. 乳浊液

4. Fe(OH)$_3$ 胶体和 MgCl$_2$ 溶液共同具备的性质是(　　)。

　　A. 都不稳定,密封放置都易产生沉淀

　　B. 两者均有丁达尔效应

　　C. 加入盐酸先产生沉淀,随后溶解

　　D. 分散质粒子可通过滤纸

5. 下列分散系最不稳定的是(　　)。

　　A. 向 CuSO$_4$ 溶液中加入 NaOH 溶液得到的分散系

　　B. 向水中加入食盐得到的分散系

　　C. 向沸水中滴入饱和 FeCl$_3$ 溶液得到的红褐色液体

　　D. 向 NaOH 溶液中通入 CO$_2$ 得到的无色溶液

三、简答题

举例说明胶体的应用。

§2.2　离　子　反　应

许多化学反应是在水溶液中进行的,参加反应的物质主要是酸、碱、盐。在科学研究和日常生活中,我们经常接触和应用这些反应。因此,非常有必要对酸、碱、盐在水溶液中反应的特点和规律进行研究。

2.2.1　酸、碱、盐在水溶液中的电离

在初中化学中,我们便知道氯化钠、硝酸钾、氢氧化钠等固体不导电,而它们的水溶液能够导电。如果我们将氯化钠、硝酸钾、氢氧化钠等固体分别加热至熔化,它们也能导电。这种在水溶液里或熔融状态下能够导电的化合物叫做 电解质。蔗糖、酒精等化合物,不论是在水溶液里还是在熔融状态下都不导电,这种化合物叫做 非电解质。

酸、碱、盐在水溶液中能够导电,是因为它们在水溶液里发生了电离,产生了能够自由移动的离子。

例如,将氯化钠加入水中,在水分子的作用下,钠离子和氯离子脱离 NaCl 晶体表面,进入水中,形成能够自由移动的水合钠离子和水合氯离子,NaCl 发生了电离(如图 2-4)。这一过程可以用电离方程式表示如下:

$$NaCl \Longrightarrow Na^+ + Cl^-$$

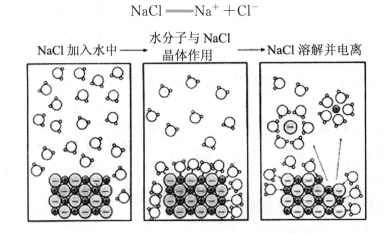

图 2-4　氯化钠在水中的溶解和电离示意图

 思考与交流

1. HCl、H_2SO_4 和 HNO_3 的电离也可以用电离方程式表示如下:

$$HCl \Longrightarrow H^+ + Cl^-$$
$$H_2SO_4 \Longrightarrow 2H^+ + SO_4^{2-}$$
$$HNO_3 \Longrightarrow H^+ + NO_3^-$$

HCl、H_2SO_4 和 HNO_3 都能电离出 H^+,因此,我们可以从电离的角度来对酸的本质有一个新的认识。电离时生成的阳离子全部都是氢离子(H^+)的化合物叫做酸。

2. 请参考酸的定义,尝试从电离的角度概括出碱和盐的本质。

2.2.2　离子反应及其发生的条件

由于电解质溶于水后就电离成为离子,所以,电解质在溶液里所起的反应实质上是离子之间的反应,这样的反应称作离子反应。

【实验 2-3】在试管里加入少量 $CuSO_4$ 溶液,再加入少量相同浓度的 NaCl 溶液。观察有无现象发生。

在另一支试管里加入 5mL $CuSO_4$ 溶液,再加入 5mL 相同浓度的 $BaCl_2$ 溶液,过滤。观察沉淀和滤液的颜色。

在第三支试管里加入少量上述滤液,并滴加 $AgNO_3$ 溶液,观察沉淀的生成。再滴加稀硝酸,观察沉淀是否溶解。

将有关的实验现象列表如下:

表 2-1　离子反应本质一览表

编号	I	II	III
实验	NaCl 溶液 CuSO₄ 溶液	BaCl₂ 溶液 CuSO₄ 溶液	AgNO₃ 溶液 + 稀硝酸 实验 II 中的滤液
现象	没有明显变化,溶液仍为蓝色	有白色沉淀生成,滤液为蓝色	有白色沉淀生成,滴加稀硝酸,沉淀不溶解

通过对上述实验现象的分析,我们可以得出这样的结论:当 $CuSO_4$ 溶液与 $NaCl$ 溶液混合时,没有发生化学反应,只是 $CuSO_4$ 电离出来的 Cu^{2+}、SO_4^{2-} 与 $NaCl$ 电离出来的 Na^+、Cl^- 等的混合;当相同浓度的 $CuSO_4$ 溶液与 $BaCl_2$ 溶液等体积混合时,$CuSO_4$ 电离出来的 Cu^{2+} 和 $BaCl_2$ 电离出来的 Cl^- 没有发生化学反应,而 $CuSO_4$ 电离出来的 SO_4^{2-} 与 $BaCl_2$ 电离出来的 Ba^{2+} 发生化学反应,生成了难溶的 $BaSO_4$ 白色沉淀。

$$CuSO_4 + BaCl_2 = CuCl_2 + BaSO_4 \downarrow$$

也就是说,这个反应的实质是:

$$SO_4^{2-} + Ba^{2+} = BaSO_4 \downarrow$$

这种用实际参加反应的离子符号来表示反应的式子叫做离子方程式。

怎样书写离子方程式呢?我们仍以 $CuSO_4$ 溶液与 $BaCl_2$ 溶液的反应为例,来说明书写离子方程式的方法步骤。

第一步,写出反应的化学方程式:

$$CuSO_4 + BaCl_2 = CuCl_2 + BaSO_4 \downarrow$$

第二步,把易溶于水、易电离的物质写成离子形式,难溶的物质或难电离的物质以及气体等仍用化学式表示。上述化学方程式可改写成:

$$Cu^{2+} + SO_4^{-2} + Ba^{2+} + 2Cl^- = Cu^{2+} + 2Cl^- + BaSO_4 \downarrow$$

第三步,删去方程式两边相同的离子:

$$Ba^{2+} + SO_4^{2-} = BaSO_4 \downarrow$$

第四步,检查离子方程式两边各元素的原子个数和电荷总数是否相等。

经检查,上述离子方程式两边各元素的原子个数和电荷总数都相等,所写的离子方程式正确。

我们知道,酸和碱可以发生中和反应生成盐和水,下面以 $NaOH$ 溶液与盐酸的反应和 KOH 溶液与硫酸的反应为例,分析中和反应的实质。

这两个反应的化学方程式和离子方程式分别为:

$$
\begin{array}{llll}
\text{酸} & \text{碱} & \text{盐} & \text{水}
\end{array}
$$

$$HCl + NaOH =\!=\!= NaCl + H_2O$$

$$H^+ + OH^- =\!=\!= \qquad H_2O$$

$$H_2SO_4 + 2KOH =\!=\!= K_2SO_4 + 2H_2O$$

$$H^+ + OH^- =\!=\!= \qquad H_2O$$

通过分析这两个反应的离子方程式，我们可以看出，酸和碱发生中和反应的实质就是由酸电离出来的 H^+ 与由碱电离出来的 OH^- 结合生成了弱电解质 H_2O：

$$H^+ + OH^- =\!=\!= H_2O$$

由此，我们可以得知，离子方程式跟一般的化学方程式不同。离子方程式不仅可以表示一定物质间的某个反应，而且可以表示所有同一类型的离子反应。例如，$H^+ + OH^- =\!=\!= H_2O$，不仅可以表示 HCl 溶液与 NaOH 溶液的反应，而且可以表示所有强酸和强碱发生的中和反应。

那么离子反应的条件又是什么呢？我们来做如下实验：

	现象及离子方程式
1. 向盛有 2mLCuSO₄ 溶液的试管里加入 2mLNaOH 溶液	
2. 向盛有 2mLKOH 稀溶液的试管里滴入几滴酚酞溶液，再用滴管向试管里慢慢滴入稀盐酸，至溶液恰好变色为止。	
3. 向盛有 2mLNa₂CO₃ 溶液的试管里加入 2mL 稀盐酸	

酸、碱、盐在水溶液中发生的复分解反应，实质上就是两种电解质在溶液中相互交换离子的反应，这类离子反应发生的条件是：生成沉淀、放出气体或生成水。只要具备上述条件之一，反应就能发生。

 习题 §2.2

一、填空题

1. 写出下列物质的电离方程式：

Ca(OH)₂ _____ ；

Na₂CO₃ _____ 。

2. 写出下列反应的离子方程式：

稀盐酸与碳酸钙反应_____ ；

氢氧化钠溶液与稀硫酸反应_____ 。

3. 写出与下列离子方程式相对应的化学方程式：

$H^+ + OH^- \!\!=\!\!= H_2O$ _____；

$CO_3^{2-} + 2H^+ \!\!=\!\!= CO_2\uparrow + H_2O$ _____。

4. 电解质是指在_____和_____下能够导电的_____。电解质导电的根本原因在于它在这种状态下能够_____出自由移动的离子。

5. 下列物质①Fe ②$CO_2$③酒精 ④$NaHSO_4$⑤$Ba(OH)_2$⑥熔融 KCl ⑦AgCl ⑧$KHCO_3$⑨H_2S。（填代号，以下同）

(1) 属于酸的是_____。

(2) 属于碱的是_____。

(3) 属于盐的是_____。

(4) 属于电解质的是_____。

二、选择题

1. 下列电离方程式错误的是（　　）。

　　A. $HNO_3 \!\!=\!\!= H^+ + NO_3^-$　　　　　　　　　B. $NaHCO_3 \!\!=\!\!= Na^+ + HCO_3^-$

　　C. $BaCl_2 \!\!=\!\!= Ba^{2+} + Cl_2^-$　　　　　　　　D. $Na_2SO_4 \!\!=\!\!= 2Na^+ + SO_4^{2-}$

2. 下列离子方程式正确的是（　　）。

　　A. 氢氧化铜与稀硝酸的反应：$OH^- + H^+ \!\!=\!\!= H_2O$

　　B. 将金属钠加入水中：$Na + 2H_2O \!\!=\!\!= Na^+ + 2OH^- + H_2$

　　C. 氢氧化钡溶液与硫酸反应：$SO_4^{2-} + Ba^{2+} \!\!=\!\!= BaSO_4\downarrow$

　　D. 硫酸钠与氯化钡溶液的反应：$Ba^{2+} + SO_4^{2-} \!\!=\!\!= BaSO_4\downarrow$

3. 下列各组离子中，能在溶液中大量共存的是（　　）。

　　A. K^+、H^+、SO_4^{2-}、OH^-　　　　　　　B. Na^+、Ca^{2+}、CO_3^{2-}、NO_3^-

　　C. Na^+、H^+、Cl^-、CO_3^{2-}　　　　　　　D．Na^+、Cu^{2+}、Cl^-、SO_4^{2-}

4. 下列物质中，不属于电解质的是（　　）。

　　A. Cu　　　　　　　B. NaCl　　　　　　　C. NaOH　　　　　　　D. H_2SO_4

5. 在水溶液中能大量共存，且加入过量稀硫酸溶液时，有气体生成的是（　　）。

　　A. Na^+、Ag^+、CO_3^{2-}、Cl^-　　　　　　B. K^+、Ba^{2+}、SO_4^{2-}、Cl^-

　　C. Na^+、K^+、CO_3^{2-}、Cl^-　　　　　　D. Na^+、K^+、Cl^-、SO_4^{2-}

6. 下列离子方程式改写成化学方程式正确的是（　　）。

　　A. $Cu^{2+} + 2OH^- \!\!=\!\!= Cu(OH)_2$　　$CuCO_3 + 2NaOH \!\!=\!\!= Cu(OH)_2 + Na_2CO_3$

　　B. $CO_3^{2-} + 2H^+ \!\!=\!\!= CO_2 + H_2O$　　$BaCO_3 + 2HCl \!\!=\!\!= BaCl_2 + CO_2 + H_2O$

　　C. $Ca^{2+} + CO_3^{2-} \!\!=\!\!= CaCO_3$　　$Ca(NO_3)_2 + Na_2CO_3 \!\!=\!\!= CaCO_3 + NaNO_3$

　　D. $H^+ + OH^- \!\!=\!\!= H_2O$　　$2KOH + H_2SO_4 \!\!=\!\!= K_2SO_4 + 2H_2O$

7. 某溶液中存在较多的 OH^-、K^+、CO_3^{2-}，该溶液中还可能大量存在的是（　　）。

　　A. H^+　　　　　　　B. Ca^{2+}　　　　　　　C. NH_4^+　　　　　　　D. SO_4^{2-}

8. 能用 $H^+ + OH^- \!\!=\!\!= H_2O$ 表示的是（　　）。

A. NaOH 溶液和 CO_2 的反应　　　　　B. $Ba(OH)_2$ 溶液和稀 H_2SO_4 的反应

C. NaOH 溶液和盐酸反应　　　　　　　D. 氨水和稀 H_2SO_4 的反应

§2.3　混合物的分离和提纯

自然界中的物质绝大多数以混合物的形式存在。单纯的混合虽然不会改变其中某组分的性质,但对于研究其中某种物质的性质或将其应用于生产和生活中时,就会受到影响。例如,由于粗盐中含有泥土和一些其他化学物质,使我们不但无法观察到食盐晶莹剔透的外观,而且也不能将其作为调味品来使用。又如,饮用水中混入有异味的杂质后,不仅影响口感,也不能达到卫生标准。因此混合物的分离和提纯是非常必要的。

 思考与交流

分离和提纯物质就是要除掉杂质。化学上所指的杂质都是有害和无价值的吗? 你怎样看待这个问题? 能举出一些例子吗?

2.3.1　过滤和蒸发

【实验 2-4】粗盐提纯

(1) 用海水、盐井水、盐湖水直接制盐,其中含有较多的杂质,如不溶性的泥沙,可溶性的 $CaCl_2$、$MgCl_2$ 以及一些硫酸盐等。下面我们先利用初中学过的方法来提纯粗盐。

(2) 操作步骤(请写出具体操作方法及现象):

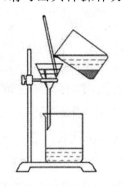　　　　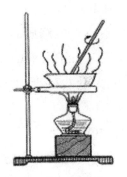

图 2-5　过滤实验装置　　　　　　图 2-6　蒸发实验装置

步骤	现象
1. 溶解:(称取约 4g 粗盐加到约 12mL 水中)	

续表

2. 过滤	
3. 蒸发	

一些可溶性物质在水溶液中以离子的形式存在,如 NaCl 在水溶液中以 Na^+ 和 Cl^- 的形式存在。我们可以通过检验溶液中的离子来确定某些物质的成分。下面我们利用化学方法来检验【实验 2-4】得到的盐中是否含有 SO_4^{2-}。

【实验 2-5】取【实验 2-4】得到的盐约 0.5g 放入试管中,向试管中加入约 2mL 水配成溶液,先滴入几滴稀盐酸使溶液酸化,然后向试管中滴入几滴 $BaCl_2$ 溶液。观察现象。

在溶液中解离能产生 SO_4^{2-} 的化合物与 $BaCl_2$ 溶液反应,生成不溶于稀盐酸的白色 $BaSO_4$ 沉淀。利用这一反应可以检验硫酸和可溶性硫酸盐。例如,Na_2SO_4 溶液与 $BaCl_2$ 溶液反应的化学方程式为:

$$Na_2SO_4 + BaCl_2 =\!=\!= BaSO_4 \downarrow + 2NaCl$$

离子方程式为:

$$SO_4^{2-} + Ba^{2+} =\!=\!= BaSO_4 \downarrow$$

实验表明,经过溶解、过滤和蒸发操作得到的盐中仍然含有可溶性杂质硫酸盐。实际上,除硫酸盐外,还含有 $CaCl_2$、$MgCl_2$ 等其他可溶性杂质,所以,蒸发和过滤并没有得到较纯的食盐。可以用化学方法继续提纯。

 思考与交流

(1) 如果要除去粗盐中含有的可溶性杂质 $CaCl_2$、$MgCl_2$ 及一些硫酸盐,按下表所示的顺序,应加入什么试剂?

杂质	加入的试剂	离子方程式
硫酸盐		
$MgCl_2$		
$CaCl_2$		

(2) 加入你选择的试剂除掉杂质后,有没有引入其他离子? 想一想用什么方法再把它们除去?

资料卡片

一些物质的溶解性

	OH^-	Cl^-	SO_4^{2-}	CO_3^{2-}
H^+		溶、挥	溶	溶、挥
Na^+	溶	溶	溶	溶
Ca^{2+}	微	溶	微	不
Mg^{2+}	不	溶	溶	微
Ba^{2+}	溶	溶	不	不

2.3.2 蒸馏

从混合物中分离和提纯某些物质,除了可以用过滤、蒸发等方法外,对于液态混合物,还可以利用混合物中各组分的沸点不同,用蒸馏的方法除去杂质。例如,实验室通过蒸馏的方法除去自来水中含有的 Cl^- 等杂质制取蒸馏水。实验室制取蒸馏水常用的装置如图2-7。

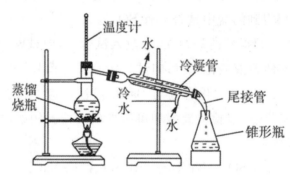

图 2-7　实验室制取蒸馏水的装置

实　　验	现　　象
1. 在试管中加入少量自来水,滴入几滴稀硝酸和几滴硝酸银溶液。	
2. 在100mL烧瓶中加入约1/3体积的自来水,再加入几粒沸石(或碎瓷片),按图2-7连接好装置,向冷凝管中通入冷却水。加热烧瓶,弃去开始馏出的部分液体,用锥形瓶收集约10mL液体,停止加热。	
3. 取少量收集到的液体加入试管中,然后滴入几滴稀硝酸和几滴硝酸银溶液。(得到的液体中还含有 Cl^- 吗?)	

有些能源比较丰富而淡水短缺的国家,常利用蒸馏法大规模地将海水淡化为可饮用水,但这种方法的成本很高。寻找淡化海水的其他方法是化学研究和应用中的重要课题之一。

科学视野

混合物的分离提纯

诺贝尔化学奖获得者居里夫人正是在极为困难的条件下对沥青铀矿进行反复的分离

与提纯,从而发现了钋和镭两种元素的。石油工业通过分离石油中不同的馏分,得到石油气、汽油、煤油等产品。

分离提纯的方法一直沿着两个不同的方向在完善。其一是研究如何获得高纯度物质的方向。例如,如何获得纯度高达 99.9999% 以上的高纯硅。其二是如何将经济的分离提纯方法,应用于大规模的工业生产。例如,钛白粉(二氧化钛)是一种很普通的白色颜料,用于搪瓷、化妆品工业生产等。由于铁矿与钛矿共生的缘故,所制得的钛白粉往往混有铁质,用作颜料或化妆品填料会泛黄。除去铁质的方法在实验室并不太难,但在工业生产上工艺复杂,技术问题颇多,致使基本不含铁的一级品钛白粉与含有少量铁质的二级品钛白粉价格相去甚远。因此,如何使用简便的方法除去钛白粉中的铁,一直是颜料厂科技人员的攻关项目。有的地方出现了二级品钛白粉涨库现象(库存过多,销售困难),而一级品却只能依赖国外进口。如果能使二级品提高为一级品,不仅能满足市场需求,还能减少进口,甚至组织外销出口。

习题 §2.3

一、选择题

1. 下列仪器中不能用于加热的是(　　)。

    A. 试管　　　　　　B. 烧杯　　　　　　C. 量筒　　　　　　D. 坩埚

2. 下列操作中不正确的是(　　)。

    A. 过滤时,玻璃棒与三层滤纸的一边接触

    B. 过滤时,漏斗下端紧贴烧杯内壁

    C. 加热试管内物质时,试管底部与酒精灯灯芯接触

    D. 向试管中滴加液体时,胶头滴管紧贴试管内壁

3. 下列行为符合安全要求的是(　　)。

    A. 进入煤矿井时,用火把照明

    B. 节日期间,在开阔的广场燃放烟花爆竹

    C. 用点燃的火柴在液化气钢瓶口检验是否漏气

    D. 实验时,将水倒入浓硫酸配置稀硫酸

二、解答题

1. 如果不慎将油汤洒到衣服上,可以用什么方法除去? 说明你依据的原理。

2. 碳酸盐能与盐酸反应生成二氧化碳,利用这一性质可以检验 CO_3^{2-}。设计实验检验家中的纯碱(或大理石碎片)中是否含有 CO_3^{2-};找一些碎的陶瓷片或玻璃片,洗净并晒干后,检验它们中是否含有 CO_3^{2-}。

3. 某混合物中可能含有可溶性硫酸盐、碳酸盐及硝酸盐。为了检验其中是否含有硫酸盐,某同学取少量混合物溶于水后,向其中加入氯化钡溶液,发现有白色沉淀生成,并由此得出该混合物中含有硫酸盐的结论。你认为这一结论可靠吗? 为什么? 应该怎样检

验?（提示碳酸盐能溶于稀硝酸和稀盐酸）

§2.4　氧化还原反应

2.4.1　氧化还原反应

在初中化学中,我们知道物质跟氧发生的反应属于氧化反应,含氧化合物里的氧被夺去的反应叫做还原反应。我们曾经学过木炭还原氧化铜的化学反应。在这个反应中,氧化铜失去氧变成单质铜,发生了还原反应;碳得到了氧变成了二氧化碳,发生了氧化反应。也就是说,氧化反应和还原反应是同时发生的,这样的反应称为氧化还原反应。

$$2CuO + C \xrightarrow{\text{高温}} 2Cu + CO_2 \uparrow$$

 思考与交流

请分析下列 3 个氧化还原反应中各种元素的化合价在反应前后有无变化,讨论氧化还原反应与元素化合价的升降有什么关系。

$$CuO + H_2 \xrightarrow{\triangle} Cu + H_2O$$

$$H_2O + C \xrightarrow{\text{高温}} H_2 + CO$$

$$2CuO + C \xrightarrow{\text{高温}} 2Cu + CO_2 \uparrow$$

我们观察这几个氧化还原反应,可以看出,某些元素的化合价在反应前后发生了变化。因此,我们可以说物质所含元素化合价升高的反应是氧化反应,物质所含元素化合价降低的反应是还原反应。我们看以下反应：

$$\overset{\text{化合价升高}}{\overbrace{\underset{0}{Fe} + \underset{+2}{Cu}SO_4 = \underset{+2}{Fe}SO_4 + \underset{0}{Cu}}_{\text{化合价降低}}}$$

所以,并非只有得氧、失氧的反应才是氧化还原反应,凡是有元素化合价升降的化学反应都是氧化还原反应。

化学反应的实质是原子之间的重新组合。从原子结构上来看,原子核外的电子是分层排布的。原子核外电子的排布,特别是最外层的电子数目与化学反应有密切的关系。我们知道,元素化合价的升降与电子转移有密切关系。因此,要想揭示氧化还原反应的本质,需要从微观的角度来认识电子转移与氧化还原反应的关系。

例如,钠与氯气的反应属于金属与非金属的反应。从原子结构上来看,钠原子的最外层电子层上有 1 个电子,氯原子的最外层电子层上有 7 个电子。当钠和氯气反应时,钠原

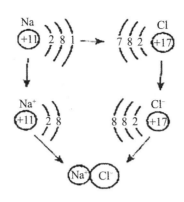

图 2-8　氯化钠形成示意图

子失去 1 个电子,带 1 个单位的正电荷,成为钠离子(Na^+);氯原子得到 1 个电子,带 1 个单位负电荷,成为氯离子(Cl^-),这样双方最外层都达到了 8 个电子的稳定结构(如图 2-8)。钠元素的化合价由 0 价升高到 +1 价,被氧化;氯元素由 0 价降低到 -1 价,被还原。在这个反应中有电子的得失,金属钠发生了氧化反应,氯气发生了还原反应。

$$\overset{\text{化合价升高,被氧化}}{\underset{\text{化合价降低,被还原}}{2\overset{0}{Na}+\overset{0}{Cl_2}=2\overset{+1}{N}\overset{-1}{a}Cl}}$$

又如,氢气与氯气的反应属于非金属与非金属的反应。从它们的原子结构来看,氢原子的最外电子层上有 1 个电子,可获得 1 个电子而形成 2 个电子的稳定结构。氯原子的最外层电子上有 7 个电子,也可获得 1 个电子而形成 8 个电子的稳定结构。

这两种元素的原子获取电子的能力相差不大。所以,在发生反应时,它们都未能把对方的电子夺取过来,而是双方各以最外层的 1 个电子组成一个共用电子对,这个电子对受到两个原子核的共同吸引,使双方最外层都达到了稳定结构。在氯化氢分子里,由于氯原子对共用电子对的吸引力比氢原子的稍强一些,所以,共用电子对偏向于氯原子而偏离于氢原子。因此,氢元素的化合价从 0 价升高到 +1 价,被氧化;氯元素的化合价从 0 价降低到 -1 价,被还原。在这个反应中,发生了共用电子对的偏移,氢气发生了氧化反应,氯气发生了还原反应。

$$\overset{\text{化合价升高,被氧化}}{\underset{\text{化合价降低,被还原}}{H_2+Cl_2=2HCl}}$$

通过以上的分析,我们认识到有电子转移(得失或偏移)的反应,是氧化还原反应。氧化反应表现为被氧化的元素的化合价升高,其实质是该元素的原子失去(或偏离)电子的过程;还原反应表现为被还原的元素的化合价降低,其实质是该元素的原子获得(或偏向)电子的过程。

2.4.2　氧化剂和还原剂

氧化剂和还原剂作为反应物共同参加氧化还原反应。在反应中,电子从还原剂转移到氧化剂,即氧化剂是得到电子(或电子对偏向)的物质,在反应时所含元素的化合价降低。氧化剂具有氧化性,反应时本身被还原。还原剂是失去电子(或电子对偏离)的物质,在反应时所含元素的化合价升高。还原剂具有还原性,反应时本身被氧化。

例如:对于下列反应:

$$\overset{+2\qquad 0\qquad 0\qquad +1}{CuO+H_2 \xrightarrow{\ \triangle\ } Cu+H_2O}$$

失去 $2×e^-$,化合价升高,被氧化
得到 $2e^-$,化合价降低,被还原

氧化剂　还原剂

$$\overset{0\qquad 0\qquad\quad +1\ -1}{2Na+Cl_2 \xrightarrow{\ 燃烧\ } 2NaCl}$$

失去 $2×e^-$,化合价升高,被氧化
得到 $2e^-$,化合价降低,被还原

还原剂　氧化剂

在中学化学中,常作为氧化剂的物质有 O_2、Cl_2、浓 H_2SO_4、HNO_3、$KMnO_4$ 等;常作为还原剂的物质有活泼的金属单质如 Zn、Fe,以及 C、H_2、CO 等。

氧化还原反应是一类重要的化学反应。在工农业生产、科学技术和日常生活中都有广泛的应用。例如,食物在人体中被消化,以提供生命活动所需的营养和能量。又如,煤燃烧、酿酒、电镀、金属的冶炼等,也都离不开氧化还原反应。氧化还原反应的重要应用之一是制取物质,例如,可以利用下列反应来分别制取 O_2、Cu 和 Fe:

$$2KClO_3 \xrightarrow{\ MnO_2\ } 2KCl+3O_2\uparrow$$

$$Fe+CuSO_4 === FeSO_4+Cu$$

$$Fe_2O_3+3CO \xrightarrow{\ 高温\ } 2Fe+3CO_2$$

并不是所有的氧化还原反应都能利用来造福于人类的,有些氧化还原反应会给人类带来危害,如易燃物的自燃、食物的腐败、钢铁的锈蚀等。我们应该运用化学知识来防止这类氧化还原反应的发生或减缓其进程。例如,可采用在钢铁表面喷漆等方法来防止钢铁锈蚀的氧化还原反应发生。

科学视野

生活中的氧化还原反应

食物的腐败,金属的腐蚀都是氧化还原反应,这些都对人类不利。而金属的制备,氯碱工业,硫酸、硝酸制备等也都是氧化还原反应,这些都是对人类有利的。

我们所需要的各种各样的金属,都是通过氧化还原反应从矿石中提炼而得到的。例如,制造活泼的有色金属要用电解或置换的方法;制造黑色金属和其他有色金属都是在高温条件下用还原的方法;制备贵重金属常用湿法还原,等等。许多重要化工产品的制造,如合成氨、合成盐酸、接触法制硫酸、氨氧化法制硝酸、电解食盐水制烧碱等,主要反应也是氧化还原反应。石油化工里的催化去氢、催化加氢、链烃氧化制羧酸、环氧树脂的合成

等也都是氧化还原反应。

在农业生产中,植物的光合作用、呼吸作用是复杂的氧化还原反应。施入土壤的肥料的变化,如铵态氮转化为硝态氮等,虽然需要有细菌起作用,但就其实质来说,也是氧化还原反应。

土壤里铁或锰的氧化态的变化直接影响着作物的营养,水稻种植过程中的晒田和灌田主要就是为了控制土壤里的氧化还原反应的进行。

我们通常应用的干电池、蓄电池以及在空间技术上应用的高能电池都发生着氧化还原反应,否则就不可能把化学能变成电能,或把电能变成化学能。

人和动物的呼吸,把葡萄糖氧化为二氧化碳和水。通过呼吸把贮藏在食物分子内的能,转变为存在于三磷酸腺苷(ATP)的高能磷酸键的化学能,这种化学能再供给人和动物进行机械运动、维持体温、合成代谢、细胞的主动运输等,成为所需要的能量。煤炭、石油、天然气等燃料的燃烧更是供给人们生活和生产所必需的大量的能。

由此可见,在许多领域里都涉及氧化还原反应,我们引导学生学习和逐步掌握氧化还原反应对他们生活和今后参加工作都是很有意义的。

习题 §2.4

一、填空题

1. 氧化还原反应的本质是_____。

2. 在化学反应中,如果反应前后元素化合价发生变化,一定有_____转移,这类反应就属于_____反应。元素化合价升高,表明这种物质_____电子,发生_____反应,这种物质是_____剂;元素化合价降低,表明这种物质_____电子,发生_____反应,这种物质是_____剂。

3. Al 与稀硫酸反应的化学方程式是_____。在反应中,Al _____电子,化合价_____,是_____剂,发生_____反应;H_2SO_4 电离出 H^+ _____电子,化合价_____,H_2SO_4 是_____剂,发生_____反应。

二、选择题

1. 下列反应属于氧化还原反应的是(　　)。

　A. $CaCO_3 + 2HCl = CaCl_2 + CO_2 \uparrow + H_2O$

　B. $CaO + H_2O = Ca(OH)_2$

　C. $Fe + CuSO_4 = FeSO_4 + Cu$

　D. $CaCO_3 \xrightarrow{\text{高温}} CaO + CO_2 \uparrow$

2. 下列说法正确的是(　　)。

　A. 氧化剂本身被氧化

　B. 氧化剂是在反应中得到电子(或电子对偏向)的物质

C. 还原剂在反应时所含元素的化合价降低

D. 还原剂本身被氧化

3. 在下列反应中,盐酸作氧化剂的是( ),盐酸作还原剂的是( )。

A. $NaOH + HCl \stackrel{}{=\!=\!=} NaCl + H_2O$　　　　B. $Zn + 2HCl \stackrel{}{=\!=\!=} ZnCl_2 + H_2 \uparrow$

C. $MnO_2 + 4HCl \stackrel{\triangle}{=\!=\!=} MnCl_2 + 2H_2O + Cl_2 \uparrow$　D. $CuO + 2HCl \stackrel{}{=\!=\!=} CuCl_2 + H_2O$

4. 化学与生活密切相关,学好化学终生有益。如人体正常的血红蛋白中含有 Fe^{2+},若误食 $NaNO_2$,则使血红蛋白中 Fe^{2+} 转化为 Fe^{3+} 而丧失其生理功能,临床证明服用维生素 C 可以解毒,这说明维生素 C 具有( )。

A. 酸性　　　　　B. 碱性　　　　　C. 还原性　　　　　D. 氧化性

5. 下列做法中用到物质氧化性的是( )。

A. 明矾净化水　　B. 纯碱除去油污　　C. 臭氧消毒餐具　　D. 食醋清洗水垢

三、解答题

1. 分析下列氧化还原反应中化合价变化的关系,标出电子转移的方向和数目,并指出氧化剂和还原剂。

(1) $2H_2 + O_2 \stackrel{点燃}{=\!=\!=} 2H_2O$

(2) $4P + 5O_2 \stackrel{点燃}{=\!=\!=} 2P_2O_5$

(3) $2KClO_3 \stackrel{催化剂}{=\!=\!=} 2KCl + 3O_2 \uparrow$

(4) $2HgO \stackrel{\triangle}{=\!=\!=} 2Hg + O_2 \uparrow$

(5) $WO_3 + 3H_2 \stackrel{高温}{=\!=\!=} W + 3H_2O$

2. 用化学方程式表示在一定条件下,下列物质间的转化关系。指出哪些是氧化还原反应? 哪些是非氧化还原反应? 对于氧化还原反应,要标出电子转移的方向和数目,并指出氧化剂和还原剂。

$$C \underset{④}{\overset{②}{\rightleftharpoons}} CO \underset{④}{\overset{③}{\rightleftharpoons}} CO_2 \underset{⑥}{\overset{⑤}{\rightleftharpoons}} CaCO_3$$

(带有 ① 从 C 到 CO_2 的箭头)

3. 写出下列反应的化学方程式,标出反应中电子转移的数目和方向,并指出氧化剂和还原剂。

(1) $KClO_3$ 制 O_2；

(2) H_2 还原 CuO。

归纳与整理

一、溶液、胶体、浊液的粒子大小、性质比较

分散系		溶液	胶体	浊液
分散质粒子大小				
实例				
性质	外观			
	稳定性			
	鉴别			

二、离子反应

电解质 ⟶ 离子反应

- 定义：有离子参加的一类反应
  - 在中学阶段介绍的离子反应,主要是复分解反应和离子参加的置换反应
- 离子方程式
  - 定义：用实际参加反应的离子表示反应的式子
  - 意义：不仅表示一定物质间的某个反应,而且表示所有同一类型的离子反应

三、混合物的分离和提纯

分离和提纯的方法	分离的物质	应注意的事项	所需要的主要仪器	应用举例
过滤	从液体中分离出不溶的固体物质	一 贴、二 低、三靠	铁架台、滤纸、烧杯、玻璃棒等	粗盐提纯
蒸发				
蒸馏				

四、氧化还原反应

氧化还原反应的本质：反应中有电子的转移(得失或偏移),表现为反应前后某些元素的化合价发生变化。在氧化还原反应中,氧化剂得电子,元素化合价降低,被还原；还原剂失电子,元素化合价升高,被氧化。

复　习　题

一、填空题

1. 在反应 $Fe_2O_3 + 3CO \xrightarrow{\quad} 2Fe + 3CO_2$ 中，＿＿＿是氧化剂，＿＿＿是还原剂，＿＿＿＿＿＿元素被氧化，＿＿＿＿＿＿元素被还原。

2. 写出下列反应的离子方程式。

① 氢氧化钠溶液和硫酸铜溶液的反应：＿＿＿＿＿＿＿＿＿＿＿＿＿＿＿＿＿＿＿。

② 碳酸钙和稀硝酸的反应：＿＿＿＿＿＿＿＿＿＿＿＿＿＿＿＿＿＿＿＿＿＿＿＿＿。

3. 根据下列离子方程式，各写一个符合条件的化学方程式。

① $Mg + 2H^+ \xrightarrow{\quad} Mg^{2+} + H_2 \uparrow$ ＿＿＿＿＿＿＿＿＿＿＿＿＿＿＿＿

② $HCO_3^- + H^+ \xrightarrow{\quad} CO_2 \uparrow + H_2O$ ＿＿＿＿＿＿＿＿＿＿＿＿＿＿＿＿

4. 按照分散质粒子的大小来分类，可以把分散系分为＿＿＿＿＿、＿＿＿＿＿和＿＿＿＿＿。三者中最稳定的是＿＿＿＿，次稳定的是＿＿＿＿，最不稳定的是＿＿＿＿。其中具有丁达尔效应的是＿＿＿＿。

二、选择题

1. 下列四种基本类型的反应中，一定是氧化还原反应的是（　　　）。

　　A. 分解反应　　　B. 置换反应　　　C. 复分解反应　　　D. 化合反应

2. 下列物质久置于空气中会发生相应的变化，其中发生了氧化还原反应的是（　　　）。

　　A. 氢氧化钠固体表面变潮　　　　B. 铁表面生成铁锈

　　C. 澄清的石灰水变浑浊　　　　　D. 实验室制取二氧化碳

3. 下列电离方程式正确的是（　　　）。

　　A. $MgSO_4 \xrightarrow{\quad} Mg^{2+} + SO_4^{2-}$　　　　B. $Ba(OH)_2 \xrightarrow{\quad} Ba^{2+} + OH^-$

　　C. $Al_2(SO_4)_3 \xrightarrow{\quad} 2Al^{+3} + 3SO_4^{2-}$　　D. $KClO_3 \xrightarrow{\quad} K^+ + Cl^- + 3O^{2-}$

4. 能用离子方程式 $H^+ + OH^- \xrightarrow{\quad} H_2O$ 表示的反应是（　　　）。

　　A. 稀醋酸和稀氨水反应　　　　　B. 稀硫酸和烧碱溶液反应

　　C. 稀盐酸和氢氧化铜反应　　　　D. 稀硫酸和氢氧化钡溶液反应

5. 溶液、浊液、胶体三种分散系的本质区别为（　　　）。

　　A. 稳定性　　　　　　　　　　　B. 透明度

　　C. 分散质粒子的直径大小　　　　D. 颜色

6. 请把符合要求的化学方程式的字母填在下列括号内：

　　① 既属于分解反应又是氧化还原反应的是（　　　）。

　　② 属于分解反应，但不是氧化还原反应的是（　　　）。

　　③ 既属于化合反应，又是氧化还原反应的是（　　　）。

　　④ 属于化合反应，但不是氧化还原反应的是（　　　）。

⑤ 不属于四种基本反应类型的氧化还原反应的是(　　　)。

A. $(NH_4)_2SO_3 \xrightarrow{\triangle} 2NH_3\uparrow + H_2O + SO_2\uparrow$　　B. $2CO + O_2 \xrightarrow{点燃} 2CO_2$

C. $2C + SiO_2 \xrightarrow{高温} Si + 2CO\uparrow$　　　　　D. $NH_4NO_3 \xrightarrow{\triangle} N_2O + 2H_2O$

E. $CaCO_3 + CO_2 + H_2O == Ca(HCO_3)_2$

F. $MnO_2 + 4HCl(浓) \xrightarrow{\triangle} MnCl_2 + Cl_2\uparrow + 2H_2O$

7. 在蒸发食盐水的操作过程中,玻璃棒的作用是(　　　)。

A. 搅拌　　　　　　　　　　　B. 引流

C. 加速溶解　　　　　　　　　D. 将未溶解的块状物压碎

8. 对高沸点液态物质和低沸点液态杂质的混合物进行提纯,一般使用的方法(　　　)。

A. 重结晶　　　B. 蒸馏　　　C. 过滤　　　D. 蒸发

三、解答题

1. 在反应 $3Cu + 8HNO_3 \xrightarrow{\triangle} 3Cu(NO_3)_2 + 2NO\uparrow + 4H_2O$ 中,有 19.2gCu 被氧化,则被还原的 HNO_3 的质量为多少?

2. 火药是中国的"四大发明"之一,永远值得炎黄子孙骄傲,也永远会激励着我们去奋发图强。黑火药在发生爆炸时,发生如下的反应:$2KNO_3 + C + S == K_2S + 2NO_2\uparrow + CO_2\uparrow$。其中被还原、被氧化的元素分别是什么? 氧化剂、还原剂分别是什么?

第3章　物质的量

　　在初中化学里,我们学习过原子、分子、离子等构成物质的微粒,知道单个这样的微粒是肉眼看不见的,也是难于称量的。但是,在实验室里取用的物质,都是可以称量的。生产上,物质的用量当然更大,常以吨计。物质之间的反应,既是按照一定个数、肉眼看不见的原子、分子或离子来进行,又是以可称量的物质进行反应。所以,需要把微观粒子跟可称量的物质联系起来。它们之间是通过什么建立起联系的呢? 这就是我们在这一章中所要学习的物质的量。

§3.1　物质的量的单位——摩尔

　　日常生活中,人们常常根据不同的需要使用不同的计量单位。例如,用千米、米、厘米、毫米等来计量长度;用年、月、日、时、分、秒等来计量时间;用千克、克、毫克等来计量质量。同样,人们用摩尔作为计量原子、离子或分子等微观粒子的"物质的量"的单位。

 资料卡片

国际单位制(SI)的7个基本单位

物理量	单位名称	单位符号
长度	米	m
质量	千克(公斤)	kg
时间	秒	s
电流	安[培]	A
热力学温度	开[尔文]	K
物质的量	摩[尔]	mol
发光强度	坎[德拉]	cd

　　物质的量是一个物理量,它表示含有一定数目粒子的集合体,符号为 n。物质的量的单位为摩尔,简称摩,符号为 mol。国际上规定,1mol 粒子集体所含的粒子数与 $0.012kg\ ^{12}C$ 中所含碳原子数相同,约为 6.02×10^{23}。把 1mol 任何粒子的粒子数叫做阿伏加德罗常数,符号为 N_A,通常用 $6.02 \times 10^{23} mol^{-1}$ 表示。

　　物质的量、阿伏加德罗常数与粒子数(N)之间存在着下式所表示的关系:

$$n = \frac{N}{N_A}$$

作为物质的量的单位,mol 可以计量所有微观粒子(包括原子、分子、离子、原子团、电子、质子、中子等)。应该注意:在用摩尔做单位表示物质的量时,必须指明基本单元的名称。例如不能笼统的说 1mol 氧。

1molH_2O 中约含有 6.02×10^{23} 个 H_2O 分子;

0.5molH_2O 中约含有 3.01×10^{23} 个 H_2O 分子;

1molH_2 中约含有 6.02×10^{23} 个 H_2 分子;

1molAl 中约含有 6.02×10^{23} 个 Al 原子。

【例题 1】在 0.5molO_2 中含有 O_2 的分子数目是多少?

【分析】我们可以将公式

$$n = \frac{N}{N_A}$$

进行变形,就得到

$$N = n \cdot N_A$$

【解】在 0.5molO_2 中含有 O_2 的分子数目为:

$$N(O_2) = n(O_2) \times N_A$$
$$= 0.5 \text{mol} \times 6.02 \times 10^{23} \text{mol}^{-1}$$
$$= 3.01 \times 10^{23}$$

答:在 0.5molO_2 中含有 O_2 的分子数目为 3.01×10^{23} 个。

 科学视野

曹 冲 称 象

有一次,吴国孙权送给曹操一只大象,曹操十分高兴。大象运到许昌那天,曹操带领文武百官和小儿子曹冲,一同去看。

曹操的人都没有见过大象。这大象又高又大,光说腿就有大殿的柱子那么粗,人走近比一比,还够不到它的肚子。曹操对大家说:"这只大象真是大,可是到底有多重呢? 你们哪个有办法称它一称?"嘿! 这么大个家伙,可怎么称呢! 大臣们纷纷议论开了。

大臣甲说:"只有造一杆顶大顶大的秤来称。"大臣乙说:"这可要造多大的一杆秤呀! 再说,大象是活的,也没办法称呀! 我看只有把它宰了,切成块儿称。"他的话刚说完,所有的人都哈哈大笑起来。大家说:"你这个办法呀,真叫笨极啦! 为了称称重量,就把大象活活地宰了,不可惜吗?"

大臣们想了许多办法,一个个都行不通。真叫人为难了。

这时,从人群里走出一个小孩,对曹操说:"爸爸,我有个法儿,可以称大象。"

曹操一看,正是他最心爱的儿子曹冲,就笑着说:"你小小年纪,有什么法子? 你倒说说,看有没有道理。"

曹冲把办法说了。曹操一听连连叫好,吩咐左右立刻准备称象,然后对大臣们说:"走! 咱们到河边看称象去!"

众大臣跟随曹操来到河边。河里停着一只大船,曹冲叫人把象牵到船上,等船身稳定了,在船舷上齐水面的地方,刻了一条道道。再叫人把象牵到岸上来,把大大小小的石头,一块一块地往船上装,船身就一点儿一点儿往下沉。等船身沉到刚才刻的那条道道和水面一样齐了,曹冲就叫人停止装石头。大臣们睁大了眼睛,起先还摸不清是怎么回事,看到这里不由得连声称赞:"好办法! 好办法!"。现在谁都明白,只要把船里的石头都称一下,把重量加起来,就知道象有多重了。

曹冲吸取了大臣乙的化整为零思想,其高明之处在于运用了转化与等量代换思想(把大象的重量转化为石头的重量)。在平时的化学学习计算过程中,我们不可能把每一个微小的原子进行称量来计算,所以1971年,第十四届国际计量大会决定:用摩尔作为计量原子、分子或离子等微观粒子的"物质的量"的单位。

物质的量的含义:

① 表示含有一定数目粒子的集合体。科学规定:$0.012kg(12g)^{12}C$ 含有的碳原子数为1摩尔。

② 1mol任何粒子数叫阿伏加德罗常数,符号为 N_A,其近似值为 $6.02 \times 10^{23} mol^{-1}$。

虽然阿伏加德罗常数是一个很大的数值,但用摩尔作为物质的量的单位使用起来却非常方便,它就像一座桥梁将微观粒子同宏观物质联系在一起。我们知道,1mol不同物质中所含的分子、原子或离子的数目是相同的,但由于不同粒子的质量不同,因此1mol不同物质的质量也不同。

一种元素的相对原子质量是以 ^{12}C 质量的 $1/12$ 作为标准,其他元素原子的质量跟它相比较所得的数值。通过对物质的量概念的学习,我们知道 $1mol^{12}C$ 的质量为 $0.012kg$,即 $0.012kg$ 是 6.02×10^{23} 个 ^{12}C 的质量。利用1mol任何粒子集合体中都含有相同数目的粒子这个关系,我们就可以推知1mol任何粒子的质量。例如,1个 ^{12}C 与1个 ^1H 的质量比约为12:1,因此,$1mol^{12}C$ 与 $1mol^1H$ 的质量比也约为12:1。由于 $1mol^{12}C$ 的质量为 $0.012kg$,所以,$1mol^1H$ 的质量也就为 $0.001kg$。

1mol任何粒子或物质的质量以克为单位时,其数值与该粒子的相对原子质量或相对分子质量相等。单位物质的量的物质所具有的质量叫做**摩尔质量**。摩尔质量的符号为 M,常用的单位为 $g/mol(g \cdot mol^{-1})$。

例如:

O 的摩尔质量是 16g/mol;

C 的摩尔质量是 12g/mol;

SO_2 的摩尔质量是 64g/mol;

CO_2 的摩尔质量是 44g/mol;

物质的量(n)、物质的质量(m)和物质的摩尔质量(M)之间存在着下式所表示的关系:

$$M = \frac{m}{n}$$

【例题 2】3molFe 的质量是多少？

【分析】题目中已经给出了 Fe 的物质的量，我们可以将公式

$$M = \frac{m}{n}$$

变换成

$$m = M \cdot n$$

的形式，通过 Fe 的相对原子质量得出 Fe 的摩尔质量后，就可以计算出 3molFe 的质量。

【解】Fe 的相对原子质量为 56，Fe 的摩尔质量为 56g/mol。

$$m(\mathrm{Fe}) = M(\mathrm{Fe}) \cdot n(\mathrm{Fe})$$
$$= 56\mathrm{g/mol} \times 3\mathrm{mol}$$
$$= 168\mathrm{g}$$

答：3molFe 的质量是 168g。

【例题 3】计算出 24.5g$\mathrm{H_2SO_4}$ 的物质的量。

【解】$\mathrm{H_2SO_4}$ 的相对分子质量为 98，摩尔质量为 98g/mol。

$$M(\mathrm{H_2SO_4}) = \frac{m(\mathrm{H_2SO_4})}{n(\mathrm{H_2SO_4})}$$
$$n(\mathrm{H_2SO_4}) = \frac{m(\mathrm{H_2SO_4})}{M(\mathrm{H_2SO_4})}$$
$$= \frac{24.5\mathrm{g}}{98\mathrm{g \cdot mol^{-1}}}$$
$$= 0.25\mathrm{mol}$$

答：24.5g$\mathrm{H_2SO_4}$ 的物质的量为 0.25mol。

【例题 4】9.8g$\mathrm{H_3PO_4}$ 中含有 $\mathrm{H_3PO_4}$ 的分子数目是多少？

【分析】1mol 任何物质中所含的粒子数目都约是 6.02×10^{23} 个。我们仍然可以将物质的量与物质的质量、物质的摩尔质量之间存在的关系：

$$M = \frac{m}{n}$$

变换成

$$n = \frac{m}{M}$$

的形式，计算出 9.8g$\mathrm{H_3PO_4}$ 的物质的量。然后，再利用物质的量与粒子数目的关系，计算出 9.8g$\mathrm{H_3PO_4}$ 中所含的粒子数。

【解】$\mathrm{H_3PO_4}$ 的相对分子质量为 98，摩尔质量为 98g/mol。

$$n(\mathrm{H_3PO_4}) = \frac{m(\mathrm{H_3PO_4})}{M(\mathrm{H_3PO_4})}$$
$$= \frac{98\mathrm{g}}{98\mathrm{g \cdot mol^{-1}}}$$

$$= 0.1 \text{mol}$$

$0.1 \text{mol} \text{H}_3\text{PO}_4$ 中含有 H_3PO_4 的分子数目为：

$$N(\text{H}_3\text{PO}_4) = n(\text{H}_3\text{PO}_4) \cdot N_A$$
$$= 0.1 \text{mol} \times 6.02 \times 10^{23} \text{mol}^{-1}$$
$$= 6.02 \times 10^{22}$$

答：$9.8 \text{g} \text{H}_3\text{PO}_4$ 中含有 H_3PO_4 的分子数目是 6.02×10^{22} 个。

【例题 5】$71 \text{g} \text{Na}_2\text{SO}_4$ 中含有 Na^+ 的数目是多少？含有 SO_4^{2-} 的数目是多少？

【分析】Na_2SO_4 的电离方程式为：$\text{Na}_2\text{SO}_4 = 2\text{Na}^+ + \text{SO}_4^{2-}$

从 Na_2SO_4 的电离方程式中我们可以看出，$1 \text{mol} \text{Na}_2\text{SO}_4$ 可以电离出 $2 \text{mol} \text{Na}^+$ 和 $1 \text{mol} \text{SO}_4^{2-}$。也就是说，$\text{Na}_2\text{SO}_4$ 与电离出的 Na^+ 和 SO_4^{2-} 的物质的量之比为 $1:2:1$。

我们可以利用

$$n = \frac{m}{M}$$

的关系，首先计算出 $71 \text{g} \text{Na}_2\text{SO}_4$ 的物质的量。然后再根据各粒子之间的物质的量之比的关系，计算出 Na^+ 和 SO_4^{2-} 的数目。

【解】Na_2SO_4 的相对分子质量为 142，摩尔质量为 142g/mol。

$$n(\text{Na}_2\text{SO}_4) = \frac{m(\text{Na}_2\text{SO}_4)}{M(\text{Na}_2\text{SO}_4)}$$
$$= \frac{71\text{g}}{142\text{g} \cdot \text{mol}^{-1}}$$
$$= 0.5 \text{mol}$$

从 Na_2SO_4 的电离方程式中可以得知，$1 \text{mol} \text{Na}_2\text{SO}_4$ 中含有 $2 \text{mol} \text{Na}^+$ 和 $1 \text{mol} \text{SO}_4^{2-}$，那么：
$0.5 \text{mol} \text{Na}_2\text{SO}_4$ 中含有 Na^+ 的数目为：

$$N(\text{Na}^+) = n(\text{Na}^+) \cdot N_A$$
$$= 0.5 \text{mol} \times 2 \times 6.02 \times 10^{23} \text{mol}^{-1}$$
$$= 6.02 \times 10^{23}$$

$0.5 \text{mol} \text{Na}_2\text{SO}_4$ 中含有 SO_4^{2-} 的数目为：

$$N(\text{SO}_4^{2-}) = n(\text{SO}_4^{2-}) \cdot N_A$$
$$= 0.5 \text{mol} \times 6.02 \times 10^{23} \text{mol}^{-1}$$
$$= 3.01 \times 10^{23}$$

答：$71 \text{g} \text{Na}_2\text{SO}_4$ 中含有 Na^+ 的数目是 6.02×10^{23} 个，含有 SO_4^{2-} 的数目是 3.01×10^{23} 个。

科学视野

阿伏加德罗与分子论

意大利化学家阿伏加德罗是一个淡泊名誉，埋头研究的人。一生从不追求名誉地位，只是默默地埋头于科学研究工作中,并从中获得了极大的乐趣。阿伏加德罗早年学习法律,又做过地方官吏,后来受兴趣指引,开始学习数学和物理,并致力于原子论的研究,他提出的分子假说,促使道尔顿原子论发展成为原子-分子学说。使人们对物质结构的认识推进了一大步。但遗憾的是,阿伏加德罗的卓越见解长期得不到化学界的承认,反而遭到了不少科学家的反对,被冷落了将近半个世纪。

由于不采纳分子假说而引起的混乱在当时的化学领域中非常严重,各人都自行其事,碳的原子量有定为 6 的,也有定为 12 的,水的化学式有写成 HO 的,也有写成 H_2O 的,醋酸的化学式竟有 19 种之多。当时的杂志在发表化学论文时,也往往需要大量的注释才能让人读懂。一直过了近 50 年之后,德国青年化学家迈耶尔认真研究了阿伏加德罗的理论,于 1864 年出版了《近代化学理论》一书。许多科学家从这本书里,懂得并接受了阿伏加德罗的理论,才结束了这种混乱状况。

人们为了纪念阿伏加德罗,把 1 摩尔任何物质中含有的微粒数 $N_A \approx 6.02 \times 10^{23}$ mol^{-1},称为阿伏加德罗常数。

习题 §3.1

一、填空题

1. 物质的量的单位为_____,物质的量的符号为_____。

2. 2mol 的 N_2 含有_____个 N_2 分子。

3. $1mol\,H_2SO_4$ 中含_____个氧原子,_____个氢原子。

4. 铝的摩尔质量为_____,若阿伏加德罗常数取 $6.02 \times 10^{23}\,mol^{-1}$,则可估算一个铝原子的质量约为_____ g。

5. 计算下列物质的摩尔质量:

Ar _____　　　　Al _____　　　　Br_2 _____　　　　KOH _____

$Ca(OH)_2$ _____　　NH_4NO_3 _____　　$FeCl_3$ _____　　$CuSO_4 \cdot 5H_2O$ _____

二、选择题

1. 水的摩尔质量是(　　)。

　　A. 18　　　　　B. 18g　　　　　C. 18g/mol　　　　　D. 18mol

2. $1mol\,CO$ 和 $1mol\,CO_2$ 具有相同的(　　)。

　　① 分子数　　　② 原子数　　　③ C 原子数　　　④ O 原子数

　　A. ②④　　　　B. ①③　　　　C. ①④　　　　D. ①②

3. 在 $0.5mol\,Na_2SO_4$ 中含有 Na^+ 的数目是(　　)个。

　　A. 3.01×10^{23}　　B. 6.02×10^{23}　　C. 0.5　　　　D. 1

4. 下列物理量中不是国际单位制的七个基本物理量之一的是(　　)。

　　A. 物质的量　　B. 密度　　　　C. 长度　　　　　D. 质量

5. 如果 1g 水中含有 n 个氢原子,则阿伏加德罗常数是(　　)。

　　A. $n/1mol^{-1}$　　B. $9nmol^{-1}$　　C. $2nmol^{-1}$　　　　D. $nmol^{-1}$

6. 摩尔是表示（　　）。

　　A. 物质的量的单位　　　　　　　B. 物质的质量的单位

　　C. 物质的量的浓度　　　　　　　D. 微粒个数的单位

三、计算题

1. $49gH_2SO_4$ 的物质的量是多少？

2. $1mol$ 的 CO_2 的质量是多少？

3. 计算 $1mol$ 下列物质中所含氧元素的质量。

（1）$KClO_3$

（2）$KMnO_4$

（3）$Ba(OH)_2$

§3.2　气体摩尔体积

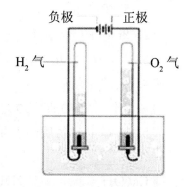

图 3-1　电解水实验

　　在科学研究或实际生产中，当涉及气态物质时，测量体积往往比称量质量更方便。所以，一般都是计量体积，而不是称量质量。那么，气体体积与物质的量、物质的质量之间有什么关系呢？

　　下面我们做如下实验来探究这个问题：

科学探究

　　1.（1）根据图 3-1 所示的电解水原理进行实验，观察不同时间试管内的气体体积的变化。生成的 O_2 和 H_2 的体积比约是多少？

　　（2）假设电解了 $1.8gH_2O$，根据电解水的化学方程式计算生成的 O_2 和 H_2 的质量。根据 O_2 和 H_2 摩尔质量，计算物质的量，并通过下表进行比较。

	质量	物质的量	H_2 和 O_2 的物质的量之比
H_2			
O_2			

　　根据实验观察和推算能否初步得出下列结论：在相同温度和压强下，$1molO_2$ 和 H_2 的体积相同。

　　2. 下表列出了 $0℃$、$101kPa$（标准状况）时 O_2 和 H_2 的密度，请计算出 $1molO_2$ 和 H_2 的体积。

	密度(g/L)	1mol 物质的体积
O_2	1.429	
H_2	0.0899	

下表列出了 20℃时几种固体和液体的密度,请计算出 1mol 这几种物质的体积。

	密度(g/cm^3)	1mol 物质的体积
Fe	7.86	
Al	2.70	
H_2O	0.998	
H_2SO_4	1.83	

根据上面两表数据及计算结果讨论,在相同条件下,1molO_2 和 H_2 的体积是否相同? 1mol 固体和液体的体积是否相同? 你还能得出什么结论?

我们知道,物质体积的大小取决于构成这种物质的粒子数目、粒子的大小和粒子之间的距离这三个因素。

1mol 任何物质中的粒子数目都是相同的,即 6.02×10^{23}。因此,在粒子数目相同情况下,物质体积的大小就主要取决于构成物质的粒子的大小和粒子之间的距离。

1mol 不同的固态物质或者液态物质含有的粒子数目相同,而粒子之间的距离是非常小的,这就使得固态物质或液态物质的体积主要取决于粒子的大小。但因为粒子大小是不相同的,所以,1mol 不同的固态物质或液态物质的体积是不相同的。

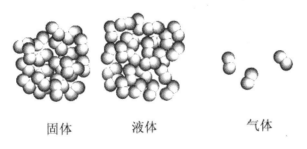

固体　　　　　液体　　　　气体

图 3-2　固体、液体、气体分子距离示意图

对于气体来说,粒子之间的距离远远大于粒子本身的直径,所以,当粒子数相同时,气体的体积主要取决于气体粒子之间的距离。而在相同的温度和压强下,任何气体粒子之间的距离可以看成是相同的,因此,粒子数目相同的任何气体都具有相同的体积。这一规律在 19 世纪初就已经被发现了。

我们也可以说,在相同的温度和压强下,相同体积的任何气体都含有相同数目的粒子。

单位物质的量的气体所占的体积叫做**气体摩尔体积**,符号为 V_m,常用的单位有 L/mol(或 L·mol^{-1})

$$V_m = \frac{V}{n}$$

气体摩尔体积的数值不是固定不变的,它决定于气体所处的温度和压强。例如,在 0℃和 101kPa(标准状况)的条件下,气体摩尔体积约为 22.4L/mol;在 25℃和 101kPa 的条件下,气体摩尔体积约为 24.5L/mol。

【例题】在标准状况下,2.2g CO_2 的体积是多少?

【解】CO_2 的摩尔质量为 44g/mol。2.2gCO_2 的物质的量为:

$$n(CO_2) = \frac{m(CO_2)}{M(CO_2)}$$

$$= \frac{2.2g}{44g \cdot mol^{-1}}$$

$$= 0.05mol$$

0.05molCO_2 在标准状况下的体积为:

$$V(CO_2) = n(CO_2) \cdot V_m$$

$$= 0.05mol \times 22.4L/mol$$

$$= 1.12L$$

答:在标准状况下,2.2gCO_2 的体积为 1.12L。

习题 §3.2

一、填空题

1. 0.3mol 氨气和 0.4mol 二氧化碳的质量_____(填"相等"或"不相等",下同),所含分子数_____,所含原子数_____。

2. 某双原子分子构成的气体,其摩尔质量为 Mg/mol,该气体质量为 mg,阿伏加德罗常数为 N_A,则:

(1) 该气体的物质的量为_____ mol。

(2) 该气体在标准状况下的体积为_____ L。

(3) 该气体所含原子总数为_____个。

(4) 该气体的一个分子的质量为_____g。

3. 在标准状况下,0.5mol 任何气体的体积都约为_____。

4. 成年男子的肺活量约为 3500mL～4000mL,成年女子的肺活量约为 2500mL～3500mL,肺活量较大的男子与肺活量较小的女子所容纳气体的物质的量之比约为(在同温同压下)_____。

二、选择题

1. 物质的体积一定是 22.4L 的是(　　)。

　　A. 1mol 水蒸气　　　　　　　　　　B. 17g 氨气

　　C. 标准状况下 44gCO_2　　　　　　D. 0℃、2×10^5Pa 时 2gH_2

2. 若 3.01×10^{22} 个气体分子在某状况下体积为 2.24L,则该状况下的气体摩尔体积为(　　)。

　　A. 11.2L $\cdot$ mol^{-1}　　　　　　　　B. 22.4L $\cdot$ mol^{-1}

C. 44.8L・mol^{-1} D. 67.2L・mol^{-1}

3. 气体的体积主要由以下什么因素决定的:①气体分子的直径 ②气体物质的量的多少③气体分子间的平均距离 ④气体分子的相对分子质量( )。

　　A. ①② 　　　　B. ①③ 　　　　C. ②③ 　　　　D. ②④

4. $n$molO_2 与 $n$molCO 相比较,下列叙述中正确的是( )。

　　A. 在同温同压下体积相等 　　　　B. 在同温同压下密度相等

　　C. 在标准状况下质量相等 　　　　D. 分子数相等

三、判断题(下列说法是否正确,如不正确加以改正)

1. 1mol 任何气体的体积都是 22.4L。

2. 在标准状况下,某气体的体积为 22.4L,则该气体的物质的量为 1mol,所含的分子数目约为 $6.02×10^{23}$。

3. 当温度高于 0℃时,一定量任何气体的体积都大于 22.4L。

4. 当压强大于 101 kPa 时,1mol 任何气体的体积都小于 22.4L。

四、计算题

1. 在标准状况下,100mL 某气体的质量为 0.179g。试计算这种气体的相对分子质量。

2. 成人每天从食物中摄取的几种元素的质量大约为:0.8gCa、0.3gMg、0.2gCu 和 0.01gFe,试求四种元素的物质的量之比。

§3.3　物质的量浓度

　　我们在初中学过溶液中溶质的质量分数,它是以溶质的质量和溶液的质量之比来表示溶液中溶质与溶液的质量关系的。但是,我们在许多场合取用溶液时,一般不是去称量它的质量,而是要去量取它的体积。在化学反应中,反应物与生成物之间的比例关系是由化学方程式中的化学计量数所决定的。如果知道一定体积的溶液中溶质的物质的量,对于计算化学反应中各物质之间量的关系是非常便利的,对生产和科学研究也有重要意义。我们在本节学习一种常用的表示溶液组成的物理量——物质的量浓度。

　　我们用物质的量浓度这个物理量,来表示单位体积溶液里所含溶质 B 的物质的量,也称为 B 的物质的量浓度,符号为 c_B。物质的量浓度可表示为:

$$c_B = \frac{n_B}{V}$$

　　按照物质的量浓度的定义,如果在 1L 溶液中含有 1mol 的溶质,这种溶液中溶质的物质的量浓度就是 1mol/L。

　　【例题 1】配置 500mL0.2mol/LNaOH 溶液需要 NaOH 的质量是多少?

解:500mL0.2mol/LNaOH 溶液中 NaOH 物质的量为:

$$n(NaOH) = c(NaOH) \cdot V[NaOH(aq)]$$
$$= 0.2mol/L \times 0.5L$$
$$= 0.1mol$$

0.1molNaOH 的质量为:

$$m(NaOH) = n(NaOH) \cdot M(NaOH)$$
$$= 0.1mol \times 40g/mol$$
$$= 4g$$

在实验室,我们可以直接用固体或液体试剂来配置一定物质的量浓度的溶液。如果要求比较精确,就需要使用容积精确的仪器,如容量瓶。容量瓶有不同的规格,常用的有 100mL、250mL、500mL 和 1000mL。

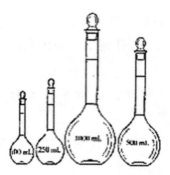

图 3-3　四种规格容量瓶

我们来做如下实验:

配制 500mL0.1mol/LNa₂CO₃ 溶液。

(1) 计算需要 Na₂CO₃ 固体的质量:_____g。

(2) 根据计算结果,称量 Na₂CO₃ 固体。

(3) 将称好的 Na₂CO₃ 固体放入烧杯中,用适量蒸馏水溶解。

(4) 将烧杯中的溶液注入容量瓶,并用少量蒸馏水洗涤烧杯内壁 2～3 次,洗涤液也注入容量瓶。轻轻摇动容量瓶,使溶液混合均匀。

图 3-4　向容量瓶中转移溶液

（5）将蒸馏水注入容量瓶，液面离容量瓶颈刻度线下 1～2cm 时，改用胶头滴管滴加蒸馏水至液面与刻度线相切。盖好瓶塞，反复上下颠倒，摇匀。

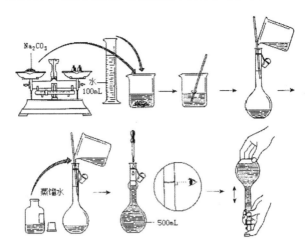

图 3-5　配制 500mL0.1mol/LNa_2CO_3 溶液过程示意图

总的来说，配置溶液的过程如下：

第一步：计算所需溶质的质量。

第二步：称量所需溶质的质量。

第三步：将溶质在烧杯内初步溶解并使溶液的温度恢复到室温。

第四步：将溶液全部转移到容量瓶内，用玻璃棒引流，然后用少量蒸馏水洗涤烧杯和玻璃棒 2～3 次，洗涤液也都转移到容量瓶中。轻轻晃动容量瓶使溶液混合均匀。

第五步：使容量瓶内的液体体积达到容量瓶的标定容积，当液面加到容量瓶颈刻度线下 1～2cm 时，改用胶头滴管滴加蒸馏水至液体凹液面最低点与刻度线相切。

第六步：将配置好的溶液倒入试剂瓶中，贴好标签。

 思考与交流

1. 为什么要用蒸馏水洗涤烧杯内壁 2～3 次？

2. 为什么要将洗涤烧杯后的溶液注入到容量瓶中？

3. 为什么要轻轻振荡容量瓶，使容量瓶中的溶液充分混合？

我们在实验室中配制溶液所用的溶质，不仅仅是固体物质，还常常用浓溶液来配制所需的稀溶液。

应当指出：在稀释浓溶液时，溶液的体积发生了变化，但溶液中溶质的物质的量不变。即在浓溶液稀释前后，溶液中溶质的物质的量相等。

在用浓溶液配制稀溶液时，常用下面的式子计算有关的量：

$$c（浓溶液）\cdot V（浓溶液）＝c（稀溶液）\cdot V（稀溶液）$$

【例题 2】配制 250mL1mol/LHCl 溶液，需要 12mol/LHCl 溶液的体积是多少？

【分析】在用水稀释浓溶液时，溶液的体积发生了变化，但溶液中溶质的物质的量不变。即在浓溶液稀释前后，溶液中溶质的物质的量是相等的。

【解】设配制 $250mL(V_1)1mol/L(c_1)$ HCl 溶液，需要 $12mol/L(c_2)$ HCl 溶液的体积为 V_2。

$$c_1 \cdot V_1 = c_2 \cdot V_2$$

$$V_2 = \frac{c_1 \cdot V_1}{c_2}$$

$$= 0.021L$$

$$= 21mL$$

答：配制 $250mL1mol/L$ HCl 溶液，需要 $12mol/L$ HCl 溶液 $21mL$。

习题 §3.3

一、填空题

1. 把 $1.0mol \cdot L^{-1}CuSO_4$ 和 $0.50mol \cdot L^{-1}H_2SO_4$ 溶液等体积混合（假设混合后的溶液的体积等于混合前两种溶液的体积之和）计算：

(1) 混合溶液中 $CuSO_4$ 和 H_2SO_4 的物质的量浓度 $c(CuSO_4) = \underline{\hspace{2cm}}$，$c(H_2SO_4) = \underline{\hspace{2cm}}$。

(2) 混合液中 H^+、SO_4^{2-} 的物质的量浓度 $c(H^+) = \underline{\hspace{2cm}}$，$c(SO_4^{2-}) = \underline{\hspace{2cm}}$。

2. 某化学兴趣小组对"农夫山泉"矿泉水进行检测时，发现 $1.0L$ 该矿泉水中含有 $45.6mg Mg^{2+}$，则 Mg^{2+} 的物质的量浓度为 $\underline{\hspace{3cm}}$。

3. 将 $40g$ NaOH 固体溶于水配成 $250mL$ 溶液，此溶液中 NaOH 的物质的量浓度为 $\underline{\hspace{2cm}}$；取出 $10mL$ 此溶液，其中含有 NaOH $\underline{\hspace{2cm}}$ g。将取出的溶液加水稀释到 $100mL$，稀释后溶液中 NaOH 的物质的量浓度为 $\underline{\hspace{2cm}}$。

4. 将 $100mL5mol \cdot L^{-1}$ NaOH(aq)稀释到 $500mL$，稀释后溶液中 NaOH 的物质的量浓度为 $\underline{\hspace{2cm}}$。

二、选择题

1. 在 $NaCl$、$MgCl_2$、$MgSO_4$ 形成的混合溶液中，$c(Na^+) = 0.1mol/L$，$c(Mg^{2+}) = 0.25mol/L$，$c(Cl^-) = 0.2mol/L$，则 $c(SO_4^{2-})$ 为（   ）。

   A. $0.15mol/L$ B. $0.10mol/L$ C. $0.25mol/L$ D. $0.20mol/L$

2. 下列溶液中 NO_3^- 的物质的量浓度最大的是（   ）。

   A. $500mL1mol \cdot L^{-1}$ 的 KNO_3 溶液

   B. $500mL1mol \cdot L^{-1}$ 的 $Ba(NO_3)_2$ 溶液

   C. $1000mL0.5mol \cdot L^{-1}$ 的 $Mg(NO_3)_2$ 溶液

   D. $1L0.5mol \cdot L^{-1}$ 的 $Fe(NO_3)_3$ 溶液

3. $50mL0.1mol/L FeCl_3$ 溶液与 $25mL0.2mol/L KCl$ 溶液中的 Cl^- 的数目之比（   ）。

   A. $5 : 2$ B. $3 : 1$ C. $2 : 5$ D. $1 : 3$

4. 配制 2L1.5mol/LNa$_2$SO$_4$ 溶液,需要固体硫酸钠(　　)。

　　A. 213g　　　　　　B. 284g　　　　　　C. 400g　　　　　　D. 426g

5. 将 30mL0.5mol/LNaOH 溶液加水稀释到 500mL,稀释后溶液中 NaOH 的物质的量浓度为(　　)。

　　A. 0.03mol/L　　　B. 0.3 mol/L　　　C. 0.05mol/L　　　D. 0.04mol/L

三、计算题

1. 将标准状况下的 67.2LHCl 气体溶于水,得到 200mLHCl 溶液。

(1) HCl 的物质的量浓度为多少?

(2) 再将这 200mLHCl 溶液加水稀释到 3mol/L,则此时溶液的体积为多少?

2. 配制下列物质的 0.2mol/L 溶液各 50mL,需要下列物质的质量分别是多少?

(1) H$_2$SO$_4$　(2) KNO$_3$　(3) KOH　(4) BaCl$_2$

§3.4　物质的量在化学方程式计算中的应用

物质是由原子、分子、离子等粒子构成的,物质之间的化学反应也是这些粒子按一定的数目关系进行的。化学方程式中的计量数可以明确地表示出化学反应中粒子之间的数目关系。例如:

	Zn	+	2HCl	=	ZnCl$_2$	+	H$_2$↑
化学计量数之比	1	:	2	:	1	:	1
扩大 6.02×10^{23} 倍	1×6.02×10^{23}	:	2×6.02×10^{23}	:	1×6.02×10^{23}	:	1×6.02×10^{23}
物质的量之比	1mol	:	2mol	:	1mol	:	1mol

由此可以看出,化学方程式中各物质的化学计量数之比等于各物质的物质的量之比。因此,物质的量(n)、摩尔质量(M)、物质的量浓度(c)和气体摩尔体积(V_m)应用于化学方程式进行计算时,对于定量研究化学反应中各物质之间的关系会更加方便。

【例题 1】把 2.4gMg 放入足量的盐酸中,镁完全反应。计算:

(1) 2.4gMg 的物质的量;

(2) 参加反应的盐酸的物质的量;

(3) 生成 H$_2$ 的体积(标准状况)。

[分析] 根据物质的量、质量和摩尔质量之间的关系,先计算出 2.4gMg 的物质的量,然后根据化学反应中各物质之间的化学计量数之比,计算出参加反应的 HCl 的物质的量和生成 H$_2$ 的体积。

(1) Mg 的摩尔质量为 24g/mol。

$$n(\text{Mg}) = \frac{m(\text{Mg})}{M(\text{Mg})} = \frac{2.4\text{g}}{24\text{g/mol}} = 0.1\text{mol}$$

（2）$Mg+2HCl=MgCl_2+H_2\uparrow$

　　　1　　　2

　0.1mol　　　　$n(HCl)$

$$n(HCl)=\frac{0.1mol\times2}{1}=0.2mol$$

（3）$Mg+2HCl=MgCl_2+H_2\uparrow$

　　　1　　　　　　　　　1

　0.1mol　　　　　　　$n(H_2)$

$$n(H_2)=\frac{0.1mol\times1}{1}=0.1mol$$

生成 H_2 的体积为

$$V(H_2)=n(H_2)\cdot V_m=0.1mol\times22.4L/mol=2.24L$$

答：（1）2.4gMg 的物质的量为 0.1mol；

（2）参加反应的 HCl 的物质的量为 0.2mol；

（3）生成 H_2 的体积在标准状况下是 2.24L。

【例题 2】完全中和 0.1molNaOH 需要 H_2SO_4 的物质的量是多少？所需 H_2SO_4 的质量是多少？

【解】设所需 H_2SO_4 的物质的量为 $n(H_2SO_4)$。

$2NaOH+H_2SO_4=Na_2SO_4+2H_2O$

2　　　　1

0.1mol　$n(H_2SO_4)$

$$n(H_2SO_4)=\frac{1\times0.1mol}{2}$$
$$=0.05mol$$

H_2SO_4 的相对分子质量是 98，H_2SO_4 的摩尔质量是 98g/mol。

$$M=\frac{m}{n}\qquad\qquad m=n\cdot M$$
$$=0.05mol\times98g\cdot mol^{-1}$$
$$=4.9g$$

答：完全中和 0.1molNaOH 需要 0.05mol H_2SO_4，所需 H_2SO_4 的质量为 4.9g。

习题 §3.4

一、填空题

1. 物质的量相同的 $AgNO_3$ 分别与物质的量浓度相同的 NaCl 溶液和 $AlCl_3$ 溶液反应，所消耗 NaCl 溶液和 $AlCl_3$ 溶液的体积比是_____，生成的沉淀质量比是_____。

2. 向 15mL0.1mol/L 的 H_2SO_4 溶液中，加入 15mL0.1mol/L 的 NaOH 溶液后，反

应混合液呈_____性。

二、选择题

1. 下列各溶液中跟 300mL0.8mol/L 的 NaCl 溶液中 Cl^- 的物质的量浓度相同的是（　　）。

　　A. 100mL1.2mol/L 的 $MgCl_2$ 溶液　　　　B. 600mL0.4mol/L 的 NaCl 溶液

　　C. 0.4L0.3mol/L 的 $BaCl_2$ 溶液　　　　　D. 1L0.8mol/L 的 HCl 溶液

2. 相同物质的量的 Mg 和 Al 分别与足量的盐酸反应，所生成的氢气在标准状况下的体积比是（　　）。

　　A. 24∶27　　　　　B. 1∶1　　　　　C. 3∶2　　　　　D. 2∶3

3. 将 5mL0.4 mol/L $AgNO_3$ 溶液与 10mL0.1mol/L$BaCl_2$ 溶液混合。反应后，溶液中离子浓度最大的是（　　）。

　　A. Ag^+　　　　　B. NO_3^-　　　　　C. Ba^{2+}　　　　　D. Cl^-

4. 将 0.1molNaCl 和 0.1mol$MgCl_2$ 配成 1L 混合液，此溶液中 Cl^- 的物质的量浓度是（　　）。

　　A. 0.1mol/L　　　　　　　　　　　B. 0.2mol/L

　　C. 0.3mol/L　　　　　　　　　　　D. 0.05mol/L

三、计算题

1. 实验室常用浓盐酸与二氧化锰反应来制取少量的氯气，反应的化学方程式为：

$$MnO_2 + 4HCl(浓) \xrightarrow{\triangle} MnCl_2 + Cl_2 \uparrow + 2H_2O$$

若用足量的浓盐酸与一定量的二氧化锰反应，产生的氯气在标准状况下的体积为 11.2L，则反应中被氧化的 HCl 的质量为多少？

2. 将 6.72L 标况下的氯化氢气体通入到 500mL 一定物质的量浓度的氢氧化钠溶液中，恰好完全反应。则

① 该氢氧化钠溶液的浓度是多少？

② 生成氯化钠的质量是多少？

归纳与整理

一、物质的量的单位——摩尔

1. 物质的量是一个物理量，它表示含有一定数目粒子的集合体，符号为 n。物质的量的单位为摩尔，简称摩，符号为 mol。

2. 阿伏加德罗常数 N_A，表示 1mol 任何物质含的微粒数目都是 6.02×10^{23} 个。

3. 物质的量（n）、质量（m）和摩尔质量（M）之间存在着下述关系：

$$M = \frac{m}{n}$$

二、气体摩尔体积

1. 物质的量(n)、气体体积(V)和气体摩尔体积(V_m)之间的关系为：

$$V_\mathrm{m} = \frac{V}{n}$$

2. 标准状况是 0℃和 1 标准大气压下(101kPa)。

3. 1mol 任何气体在标准状况下的体积都约为 22.4L。

4. 同温同压下同体积的任何气体具有相同分子数。

三、物质的量浓度

物质的量浓度是以单位体积溶液里所含溶质的物质的量来表示溶液组成的物质的量。

$$c_\mathrm{B} = \frac{n_\mathrm{B}}{V}$$

四、物质的量在化学方程式计算中的应用

1. 配置一定物质的量浓度的溶液，可以用固体直接配置，也可以将浓溶液稀释成稀溶液。将浓溶液配置成稀溶液时，常用下面的关系式计算有关的量：

$$c(浓溶液) \cdot V(浓溶液) = c(稀溶液) \cdot V(稀溶液)$$

2. 化学方程式中各物质的化学计量数之比等于各物质的物质的量之比。

 复 习 题

一、填空题

1. 某硫酸钠溶液 20mL 中含有 3.01×10^{22} 个 Na^+，则该溶液中 SO_4^{2-} 的物质的量浓度是_____ mol/L。

2. 1molHCl 的质量是_____ g，约含_____ 个分子，能和_____ molNaOH 完全反应。

3. 49g 硫酸的物质的量为_____ mol，其完全电离产生 H^+ 的个数为_____。

4. 由 8.8gCO$_2$ 和 5.6gCO 组成的混合气体，CO_2 和 CO 的物质的量之比为_____，碳原子和氧原子的个数比_____。

二、选择题

1. 1molO_3 和 1molO_2 具有相同的(　　)。

　　A. 分子数　　　　　B. 原子数　　　　　C. 体积　　　　　D. 质量

2. 下列各溶液中，Na^+ 浓度最大的是(　　)。

　　A. $5L1.2mol \cdot L^{-1}$ 的 Na_2SO_4 溶液　　　　　B. $2L0.8mol \cdot L^{-1}$ 的 NaOH 溶液

　　C. $1L1mol \cdot L^{-1}$ 的 Na_2CO_3 溶液　　　　　　D. $4L0.5 mol \cdot L^{-1}$ 的 NaCl 溶液

3. 下列有关 $2L0.1 mol \cdot L^{-1}$ 的 K_2SO_4 溶液的叙述正确的是(　　　　)。

　　A. K^+ 的物质的量为 0.1mol

　　B. 倒出 1L 溶液后,浓度变为原来的 1/2

　　C. K^+ 的物质的量浓度为 0.1mol/L

　　D. 含有 $0.2molK_2SO_4$

4. 下列有关物理量相应的单位表达错误的是(　　　　)。

　　A. 摩尔质量 g/mol　　　　　　　　　　B. 气体摩尔体积 L/mol

　　C. 溶解度 g/100g　　　　　　　　　　　D. 密度 g/cm^3

5. 在两个容积相同的容器中,一个盛有 NH_3,另一个盛有 N_2、H_2 的混合气体,在同温同压下,两容器内的气体一定具有相同的(　　　　)。

　　A. 原子数　　　　　B. 分子数　　　　　C. 质量　　　　　D. 密度

6. Na 的摩尔质量为(　　　　)。

　　A. 23　　　　　　　B. 23g　　　　　　　C. 23mol　　　　　D. 23g/mol

7. 将 4gNaOH 溶解在 10mL 水中,再稀释成 1L,从中取 10mL,这 10mL 溶液的物质的量浓度为(　　　　)。

　　A. $1mol \cdot L^{-1}$　　　　B. $0.1mol \cdot L^{-1}$　　　　C. $0.01mol \cdot L^{-1}$　　　D. $10mol \cdot L^{-1}$

8. 某气体的质量是 14.2g,体积是 4.48L(标况),该气体的摩尔质量是(　　　　)。

　　A. 28.4　　　　　　B. $28.4g \cdot mol^{-1}$　　　C. 71　　　　　　　D. $71g \cdot mol^{-1}$

9. 同温同压下,等体积的两种气体 $^{14}N^{16}O$ 和 $^{13}C^{16}O$,下列判断正确的是(　　　　)。

　　A. 中子数相同　　　　　　　　　　　　B. 分子数相同

　　C. 质子数相同　　　　　　　　　　　　D. 气体质量相同

10. 下列叙述中,正确的是(　　　　)。

　　A. 在标准状况下,1mol 任何物质的体积为 22.4L

　　B. 等物质的量浓度的盐酸和硫酸中,H^+ 的物质的量浓度也相等

　　C. $1molH_2$ 和 1molHe 中,所含的分子数相同、原子数相同、质量也相同

　　D. 体积为 6L 的 O_2,其质量可能为 8g

11. 在标准状况下,与 $12gH_2$ 的体积相等的 N_2 的(　　　　)。

　　A. 质量为 12g　　　　　　　　　　　　B. 物质的量为 6mol

　　C. 体积为 22.4L/mol　　　　　　　　　D. 物质的量为 12mol

12. 在标准状况下,相同质量的下列气体中体积最大的是(　　　　)。

　　A. O_2　　　　　　　B. Cl_2　　　　　　　C. N_2　　　　　　　D. CO_2

13. 在相同条件下,22g 下列气体中跟 $22gCO_2$ 的体积相等的是(　　　　)。

　　A. N_2O　　　　　　B. N_2　　　　　　　C. SO_2　　　　　　D. CO

14. 在相同条件下,下列气体中所含分子数目最多的是(　　　　)。

　　A. 1gH$_2$　　　　　　B. 10gO$_2$　　　　　　C. 30gCl$_2$　　　　　　D. 17gNH$_3$

三、计算题

　　1. 将 2gNaOH 溶于水配成 100mL 溶液,该溶液的浓度为多少?若将其稀释到 500mL,其浓度又为多少?

　　2. 配置 0.3mol/LNa$_2$SO$_4$ 溶液 60mL,需要称取固体 Na$_2$SO$_4$ 的质量为多少?简述操作步骤。

第4章　碱金属和卤素

§4.1　碱　金　属

4.1.1　钠

1. 钠的物理性质

【实验 4-1】取一小块金属钠，用滤纸吸干表面的煤油后，用刀切去一端的外皮，这时可以看到钠的真面目。观察钠表面的光泽和颜色。

金属钠很软，可以用刀切割。切开外皮后，可以看到钠的"真面目"呈银白色，有金属光泽。钠是热和电的良导体，密度是 $0.97g/cm^3$，比水的密度小，熔点是 97.81℃。

2. 钠的化学性质

钠的化学性质非常活泼。

（1）钠跟氧气的反应

图 4-1　钠在空气中加热

【实验 4-2】用刀切开一小块钠，观察在光亮的断面上所发生的变化。把小块钠放在石棉网上加热（如图 4-1），观察发生的变化。

钠很容易被氧化，在常温下就能够跟空气里的氧气化合而生成氧化物。新切开的断面呈银白色，具有金属光泽，但在空气中迅速变暗，主要是因为生成了一薄层氧化物的缘故。

钠跟氧气反应可以生成白色的氧化钠,化学方程式为:

$$4Na+O_2 =\!\!=\!\!= 2Na_2O$$

钠受热以后能够在空气里着火燃烧,在纯净的氧气里燃烧得更为剧烈,燃烧时火焰呈黄色。

钠与氧气在加热的条件下剧烈反应生成过氧化钠,化学方程式为:

$$2Na+O_2 \xrightarrow{\triangle} Na_2O_2$$

(2) 钠跟氯、硫等非金属的反应

钠除了能与氧气直接化合外,还能与氯气、硫等很多非金属直接化合。

$$2Na+Cl_2 =\!\!=\!\!= 2NaCl$$

$$2Na+S =\!\!=\!\!= Na_2S$$

(3) 钠与水的反应

【实验 4-3】向一个盛有水的烧杯里,滴入几滴酚酞试液。然后取一小块钠(约等于 1/2 豌豆那么大小),用滤纸吸干表面的煤油,投入烧杯。注意观察钠跟水起反应的情形和溶液颜色的变化。

钠比水轻,投入烧杯时,浮在水面上,它和水剧烈反应产生气体,同时反应放出的热使钠熔化成一个闪亮的小球。小球在水面上迅速游动,并发出轻微的嘶嘶声,逐渐缩小,最后完全消失,而烧杯里的溶液由无色变成红色。这个现象说明有新的物质生成,这种物质是氢氧化钠。

$$2Na+2H_2O =\!\!=\!\!= 2NaOH+H_2\uparrow$$

钠很容易跟空气中的氧气和水起反应,因此,在实验室中通常将钠保存在煤油里。由于钠的密度比煤油大,所以,钠沉在煤油下面,将钠与氧气和水隔绝。

3. 钠的存在

钠的化学性质很活泼,所以它在自然界里不能以游离态存在,只能以化合态存在。钠的化合物在自然界里分布很广,主要以氯化钠的形式存在,也以硫酸钠、碳酸钠、硝酸钠等形式存在。

习题 §4.1

一、填空题

1. 钠在自然界里不能以_____态存在,只能以_____态存在,这是因为_____。

2. 由于钠很容易与空气中的_____、_____等物质反应,通常将钠保存在_____里。

二、选择题

1. 在下列叙述中,错误的是(　　　)。

    A. 钠燃烧时发出黄色的火焰

    B. 钠在空气中燃烧生成过氧化钠

    C. 钠与硫化合时可以发生爆炸

    D. 钠是强氧化剂

2. 金属钠露置在空气中,在其表面不可能生成的物质是(　　　)。

    A. Na_2O B. $NaOH$

    C. Na_2CO_3 D. $NaHCO_3$

3. Na 与 H_2O 反应现象明显,下列现象中不能观察到的是(　　　)。

    A. Na 浮在水面上   B. Na 在水面上游动

    C. Na 沉在水下   D. Na 熔成光亮小球

4. 金属钠着火时,可以灭火的物质是(　　　)。

    A. 水   B. 砂子   C. 煤油   D. 二氧化碳

5. 将一小块钠投入下列溶液中,既能产生气体,又能生成白色沉淀的是(　　　)。

    A. 稀硫酸   B. 氢氧化钠   C. 硫酸钠   D. 氯化镁

6. 下列关于 Na 和 Na^+ 的叙述中,错误的是(　　　)。

    A. 它们相差一个电子层

    B. 它们的化学性质相似

    C. 钠原子、钠离子属于同种元素

    D. 它们的摩尔质量相同

7. 从生活常识角度考虑,试推断钠元素在自然界中存在的主要形式是(　　　)。

    A. Na B. $NaCl$ C. $NaOH$ D. Na_2O

8. 关于金属钠的物理性质描述,错误的是(　　　)。

    A. 因为是金属所以密度比水大

    B. 断面呈银白色,有金属光泽

    C. 质软、可以用刀切

    D. 钠的熔点较低,与水反应时熔成小球

9. 将 Na 投入滴加酚酞的水中,下列现象不会出现的是(　　　)。

    A. 有白烟产生   B. 溶液变红

    C. 熔成小球   D. 有"嘶嘶"的响声

三、写出下列反应的化学方程式,并指出氧化剂和还原剂。

1. 钠在空气中燃烧

2. 钠与水反应

四、问答题

能否把钠保存在汽油里或四氯化碳(CCl_4)中? 说明理由。

(提示:汽油易挥发、易燃;CCl_4 的密度比 Na 大)

4.1.2 钠的化合物

钠是一种活泼的金属元素，在自然界中不存在游离态的钠，钠元素都是以化合态存在于自然界的。其中，氢氧化钠和氯化钠我们在初中已有所了解。

1. 氧化钠和过氧化钠

 思考与交流

1. 回忆前面做过的实验，描述氧化钠和过氧化钠的颜色、状态。

2. 氧化钠与水的反应和氧化钙与水的反应相似，请你写出氧化钠与水反应的化学方程式。

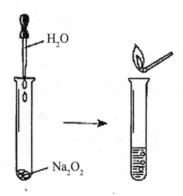

图 4-2 过氧化钠与水发生反应

【实验 4-4】把水滴入盛有少量过氧化钠固体的试管中，立即把带火星的木条放在试管口，检验生成的气体（如图 4-2）。用手轻轻摸一摸试管外壁，有什么感觉？然后向反应后的溶液中滴入酚酞溶液，有什么现象发生？

带火星的木条燃烧起来，证明有氧气生成。用手轻轻摸一摸试管外壁，试管外壁温度升高，说明这是一个放热反应。向反应后的溶液中滴入酚酞溶液，溶液颜色变红。

过氧化钠与水反应生成氢氧化钠和氧气：

$$2Na_2O_2 + 2H_2O == 4NaOH + O_2 \uparrow$$

过氧化钠跟二氧化碳起反应，生成碳酸钠和氧气：

$$2Na_2O_2 + 2CO_2 == 2Na_2CO_3 + O_2$$

因此，过氧化钠可用于呼吸面具上或潜水艇中作为氧气的来源。

2. 碳酸钠和碳酸氢钠

碳酸钠（Na_2CO_3）俗名纯碱，也叫苏打，是白色粉末，易溶于水。碳酸钠晶体（$Na_2CO_3 \cdot 10H_2O$）含结晶水，在干燥的空气中易失去结晶水而成为无水的碳酸钠。

碳酸氢钠（$NaHCO_3$）俗名小苏打，是一种细小的白色晶体，比碳酸钠在水中的溶解度小得多。

碳酸钠和碳酸氢钠虽然都属于盐类，但它们的溶液都显碱性。这就是它们可用作食用碱或工业用碱的原因。

　　碳酸钠和碳酸氢钠都能与盐酸反应放出二氧化碳,但 $NaHCO_3$ 与 HCl 溶液的反应要比 Na_2CO_3 与 HCl 溶液的反应剧烈得多。

$$Na_2CO_3 + 2HCl == 2NaCl + H_2O + CO_2\uparrow$$

$$NaHCO_3 + HCl == NaCl + H_2O + CO_2\uparrow$$

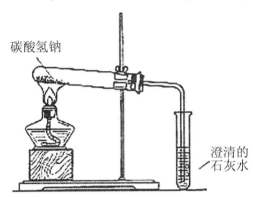

图 4-3　鉴别碳酸钠和碳酸氢钠

　　【实验 4-5】如图 4-3 所示,分别用 Na_2CO_3 和 $NaHCO_3$ 做实验,观察现象。这一反应可以用来鉴别 Na_2CO_3 和 $NaHCO_3$。

　　从上述实验可以看到,Na_2CO_3 受热没有变化,而 $NaHCO_3$ 受热后放出了 CO_2,使澄清的石灰水变浑浊。这个实验说明 Na_2CO_3 很稳定,$NaHCO_3$ 却不稳定,受热容易分解:

$$2NaHCO_3 \xmapsto{\triangle} Na_2CO_3 + H_2O + CO_2\uparrow$$

习题 §4.2

一、填空题

　　1. 在呼吸面具中,Na_2O_2 起反应的化学方程式为_____。在这个反应中,Na_2O_2 为_____剂("氧化"或"还原")。

　　2. 氧化钠是一种_____色固体,它是一种_____性氧化物。当它与 CO_2 反应时生成_____,跟水反应时生成_____。

　　3. 碳酸钠俗名_____或_____,是一种_____色晶体,与盐酸反应的离子方程式为_____。

二、选择题

　　1. 下列反应不能生成氧气的是(　　)。

　　　　A. 把钠投入水中

　　　　B. 过氧化钠跟水反应

　　　　C. 过氧化钠跟二氧化碳反应

　　　　D. 加热氯酸钾与二氧化锰的混合物

　　2. 下列各组物质中,混合后不能生成氢氧化钠的是(　　)。

  A. Na 和 H_2O

  B. NaCl 溶液和 $Ca(OH)_2$ 溶液

  C. Na_2O_2 和 H_2O

  D. Na_2O 和 H_2O

3. 下列区分碳酸钠和碳酸氢钠固体的方法中(相同条件下),错误的是( )。

  A. 加热,观察是否有气体放出

  B. 滴加稀盐酸,比较产生气体的快慢

  C. 溶于水后加氧化钙,看有无沉淀

  D. 加热后称量,看质量是否变化

4. 化合物的分类中,Na_2CO_3 属于( )。

  A. 氧化物   B. 酸   C. 碱   D. 盐

5. 最适宜用于呼吸面具中供氧的是( )。

  A. HNO_3 B. H_2O_2 C. $KClO_3$ D. Na_2O_2

三、写出下列反应的化学方程式,属于离子反应的,写出相应的离子方程式。

$$Na \xrightarrow{①} Na_2O_2 \xrightarrow{②} NaOH \underset{④}{\overset{③}{\rightleftarrows}} Na_2CO_3 \xrightarrow{⑤} NaHCO_3$$

（⑥ 从 Na 到 $NaOH$；⑦ 从 Na_2O_2 到 Na_2CO_3）

4.1.3　碱金属元素

  碱金属包括锂(Li)、钠(Na)、钾(K)、铷(Rb)、铯(Cs)和钫(Fr)六种元素。它们的氧化物的水化物都是可溶于水的强碱,所以,统称为碱金属。碱金属元素的最外电子层上的电子数都是1,在反应时很容易失去,因此,它们都是非常活泼的金属。钫属于放射性元素,本节主要研究前几种元素。

1. 碱金属元素的原子结构和碱金属的物理性质

  碱金属元素在自然界中都以化合态存在,碱金属单质都由人工制得。碱金属除铯略带金色光泽外,都呈银白色。碱金属都比较柔软,有延展性,它们的密度较小,熔点较低,如铯在气温稍高时就呈液态。碱金属的导热、导电性能都很强。表 4-1 列出了碱金属的原子结构和单质的物理性质。

表 4-1　碱金属的原子结构和单质的物理性质

元素名称	元素符号	核电荷数	电子层结构	原子半径 nm	颜色和状态	g·cm^{-3}	熔点℃	沸点℃
锂	Li	3	）） 2 1	0.152	银白色,柔软	0.534	180.5	1347

续表

钠	Na	11	2 8 1	0.186	银白色,柔软	0.97	97.81	882.9
钾	K	19	2 8 8 1	0.227	银白色,柔软	0.86	63.65	774
铷	Rb	37	2 8 18 8 1	0.248	银白色,柔软	1.532	38.89	688
铯	Cs	55	2 8 18 18 8 1	0.265	银白色,略带金色光泽,柔软	1.879	28.4	678.4

　　由表 4-1 的数据分析可得到一些规律性的知识:随着碱金属元素核电荷数的增加,它们的密度呈增大趋势,熔点和沸点逐渐降低。随着核电荷数的增加,碱金属元素原子的电子层数逐渐增多,原子半径逐渐增大,原子核对最外层电子的吸引力逐渐减弱。

　　2. 碱金属的化学性质

　　(1) 与非金属的反应

　　【实验 4-6】取一小块钾,擦干表面的煤油后,放在石棉网上稍加热。观察发生的现象,并跟钠在空气中的燃烧现象进行对比。

　　同钠一样,钾也能与氧气起反应,而且比钠反应得更剧烈。

　　实验证明,碱金属都能与氧气起反应。锂与氧气的反应不如钠剧烈,生成氧化锂:

$$4Li+O_2 \xrightarrow{\text{点燃}} 2Li_2O$$

　　钾、铷等跟氧气起反应,生成比过氧化物更复杂的氧化物。

　　碱金属能够跟大多数非金属起反应,表现出很强的金属性,且金属性从锂到铯逐渐增强。

　　(2) 与水的反应

　　碱金属都能跟水起反应,生成氢氧化物并放出氢气。这类氢氧化物都能使酚酞溶液变红色。钾跟水的反应比钠更剧烈,常使生成的氢气燃烧,并发生轻微爆炸。

　　【实验 4-7】从煤油里取出一块金属钾,放在干燥玻璃片上,用滤纸吸干煤油,切取像绿豆那样大小的一小块钾,放在装冷水的烧杯里,迅速用玻璃片盖好,以免因轻微爆炸而飞溅出液体来。反应完成后滴入几滴酚酞试液,观察溶液颜色的变化。

$$2K+2H_2O = 2KOH+H_2\uparrow$$

　　在这几种碱金属中,由于原子的电子层数不同,核对层数越多的电子的吸引力越小,电子就越容易失去。随着原子的电子层数增加,原子的半径增大,碱金属的活动性增强。

以钠和钾为例,钾跟氧气、跟水的反应都比钠剧烈。这些事实都可说明原子结构跟性质的关系。

3. 焰色反应

我们在炒菜的时候,不慎将食盐或食盐水溅在火焰上,会发现火焰呈现黄色。很多金属或它们的化合物在灼烧时都会使火焰呈现出特殊的颜色,这在化学上叫做焰色反应。

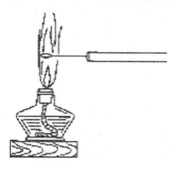

图 4-4　焰色反应实验的操作

【实验 4-8】把装在玻璃棒上的铂丝(也可用光洁无锈的铁丝或镍、铬、钨丝)放在酒精灯火焰(最好用煤气灯,它的火焰颜色较浅)里灼烧,直到与原来的火焰颜色相同为止。用铂丝蘸取碳酸钠溶液,放在火焰上灼烧,就可以看到火焰呈黄色(如图 4-4)。实验后,要用稀盐酸洗净铂丝,并在火焰上灼烧到没有颜色时,再分别蘸取碳酸钾、氯化钾等溶液作试验。

在观察钾的火焰颜色时,要透过蓝色的钴玻璃去观察,这样可以滤去黄色的光,避免碳酸钾里钠的杂质所造成的干扰。

不仅碱金属和它们的化合物都能呈现焰色反应,钙、锶、钡、铜等金属也能呈现焰色反应。根据焰色反应所呈现的特殊颜色,可以测定金属或金属离子的存在(一些金属或金属离子的焰色反应的颜色见表 4-2)。

节日晚上燃放的五彩缤纷的焰火,就是碱金属,以及锶、钡等金属化合物焰色反应所呈现的各种鲜艳色彩。

表 4-2　一些金属或金属离子的焰色反应的颜色

金属或金属离子	锂	钠	钙	锶	钡	铜
焰色反应的颜色	紫红	紫	砖红	洋红	黄绿	绿

 习题 §4.3

一、填空题

1. 碱金属中金属性最强的是_____,原子半径最小的是_____。

2. 钠和钾都是活泼金属,钾比钠更_____,因为钾的原子核外电子层数比钠的_____,更容易_____电子。

3. 钠灼烧时,火焰呈现_____色;钾灼烧时,火焰呈现_____色。观察钾的焰色反应的颜色需透过_____色的钴玻璃。

4. 碱金属元素原子最外层的电子都是_____个,在化学反应中它们容易失去_____个电子,形成_____离子,它们都有强_____性("氧化性"或"还原性")。

二、选择题

1. 下列关于碱金属化学性质的叙述中,错误的是(　　)。

  A. 它们的化学性质都很活泼

  B. 它们都是强还原剂

  C. 它们都能在空气里燃烧生成 M_2O(M 表示碱金属)

  D. 它们都能与水反应生成氢气和碱

2. 金属钠比金属钾(　　)。

  A. 金属性强　　　　B. 还原性弱　　　　C. 原子半径大　　　　D. 熔点高

3. 下列关于 Na 和 Na^+ 性质的叙述中,正确的是(　　)。

  A. 它们都是强还原剂

  B. 它们的电子层数相同

  C. 它们都显碱性

  D. 它们灼烧时都能使火焰呈现黄色

4. 下列不属于碱金属单质的通性的是(　　)。

  A. 硬度小、密度小、熔点低　　　　B. 导热导电性能强

  C. 焰色反应颜色相近　　　　D. 强还原性

5. 焰色反应是(　　)。

  A. 元素的性质　　　　B. 单质的性质

  C. 离子的性质　　　　D. 化合物的性质

6. 下列关于锂的性质的推测不正确的是(　　)。

  A. 它是一种活泼金属

  B. 投入冷水中能浮在水面上

  C. 投入到冷水中立即燃烧

  D. 它的氢氧化物是可溶性碱

7. 下列微粒中,半径最小的是(　　)。

  A. Na　　　　B. K　　　　C. Na^+　　　　D. Cs^+

8. 碱金属是典型的活泼金属,其根本原因是(　　)。

  A. 碱金属比重小,熔沸点低

  B. 碱金属在常温下易被氧化

  C. 碱金属原子最外电子层都只有一个电子且易失去

  D. 碱金属原子的核电荷数比较小

9. 碱金属单质的活动性 Li<Na<K<Rb<Cs 的根本原因是(　　)。

  A. 它们的熔点、沸点依次减小

B. 原子最外层都有一个电子

C. 它们的原子半径越来越大

D. 它们与 H_2O 反应越来越剧烈

10. 按 Li、Na、K、Rb、Cs 的顺序性质递变依次减弱的是(　　)。

    A. 原子半径　　　　　　　　B. 密度

    C. 单质的还原性　　　　　　D. 熔点和沸点

11. 下列关于碱金属的叙述正确的是(　　)。

    A. 从 Li^+ 到 Cs^+ 的氧化性依次增强

    B. 从 Li 到 Cs 最高价氧化物的水化物的碱性越来越强

    C. 钾离子的半径大于钾原子

    D. 原子半径最大的是铯,而金属性最强的是锂

三、写出下列反应的化学方程式,并指出氧化剂和还原剂。

1. 锂在空气中燃烧

2. 钾与水反应

3. 氧化钠与水反应

§4.2 卤　　素

卤族元素包括氟(F)、氯(Cl)、溴(Br)、碘(I)和砹(At)5 种元素,其中砹是放射性元素,在自然界的含量很少。卤族元素最外层电子都是 7 个,它们都容易获得 1 个电子而显非金属性,并且具有相似的化学性质。卤族元素习惯上简称为卤素。

4.2.1　氯气

1. 氯气的物理性质

氯气(Cl_2)分子是由 2 个氯原子构成的双原子分子,具有强烈刺激性气味,呈黄绿色,有毒。吸入少量氯气会使鼻和喉头的黏膜受到刺激,引起胸部疼痛和咳嗽;吸入大量氯气就会窒息死亡。在实验室里闻氯气气味的时候,必须用手轻轻地在瓶口扇动,让微量的氯气飘进鼻孔。

与其他气体一样,氯气在低温和加压的条件下可以转变为液态(称为液氯)和固态。

2. 氯气的化学性质

氯气是一种化学性质很活泼的非金属单质,它具有较强的氧化性,能与多种金属和非金属直接化合,还能与水、碱等化合物起反应。

(1) 与金属的反应

$$2Na + Cl_2 \xrightarrow{\text{点燃}} 2NaCl$$

$$2Fe+3Cl_2 \xrightarrow{\text{点燃}} 2FeCl_3$$

$$Cu+Cl_2 \xrightarrow{\text{点燃}} CuCl_2$$

（2）与氢气的反应

【实验 4-9】在空气中点燃 H_2，然后把导管缓缓伸入盛满 Cl_2 的集气瓶中（如图 4-5）。观察现象。

图 4-5　氢气和氯气反应

纯净的 H_2 可以在 Cl_2 中安静地燃烧，发出苍白色火焰。反应生成的气体是 HCl，它在空气里与水蒸气结合，呈现雾状。

$$H_2+Cl_2 \xrightarrow{\text{点燃}} 2HCl$$

氯化氢溶解于水即得盐酸。

（3）与水的反应

氯气溶解于水，在常温下，1 体积的水能够溶解约 2 体积的氯气。氯气的水溶液叫做氯水。在氯水中溶解的氯气，其中一部分能与水反应，生成盐酸和次氯酸（HClO）。

$$Cl_2+H_2O == HCl+HClO$$

次氯酸不稳定，只存在于水溶液中，在光照下易分解放出氧气。

$$2HClO \xrightarrow{\text{光照}} 2HCl+O_2 \uparrow$$

次氯酸是强氧化剂，能杀死病菌，所以常用氯气对自来水（1L 水中约通入 0.002g 氯气）进行杀菌消毒。次氯酸还具有漂白能力，可以使染料和有机色素褪色，可用作棉、麻和纸张等的漂白剂。

【实验 4-10】氯水的漂白作用

将有色纸条或布条、有色花瓣放入盛有 1/3 容积新制氯水的广口瓶中，盖上玻璃片。观察现象。

现象	
结论与解释	

【实验 4-11】干燥的氯气能否漂白物质

将有色纸条或布条、有色花瓣放入盛满干燥氯气的集气瓶中，盖上玻璃片。观察现象。

现象	
结论与解释	

（4）与碱的反应

氯气与碱起反应,生成次氯酸盐、金属氯化物和水。

$$2NaOH + Cl_2 = NaClO + NaCl + H_2O$$

次氯酸盐比次氯酸稳定,容易储运。市售的漂粉精和漂白粉的有效成分就是次氯酸钙。工业上生产漂粉精,是通过氯气与石灰乳作用制成的。

$$2Ca(OH)_2 + 2Cl_2 = Ca(ClO)_2 + CaCl_2 + 2H_2O$$

氯气是一种重要的化工原料。氯气除用于消毒、制造盐酸和漂白剂外,还用于制造氯仿等有机溶剂和多种农药。

 资料卡片

居住环境的空气中一次性检测的最高允许氯气含量不得超过 0.1mg/m³(空气),日平均最高允许氯气含量不得超过 0.03mg/m³(空气)。

第一次世界大战期间,德国军队在与英法联军作战中,首次使用氯气攻击敌方,开了战争史上使用化学武器的先例。现在,禁止化学武器已成为世界人民的共同呼声。越来越多的国家在《禁止化学武器公约》上签字。

3. 氯气的实验室制法

在实验室里,氯气可以用浓盐酸跟二氧化锰起反应来制取。

【实验 4-12】如图 4-6 所示,把装置连接好,检查气密性。在烧瓶里加入少量二氧化锰粉末,从分液漏斗向烧瓶中慢慢的注入密度为 1.19g/cm³ 的浓盐酸,缓慢加热,使反应加速,氯气就均匀地放出。观察实验现象。用向上排空气法收集氯气,多余的氯气用 NaOH 溶液吸收。

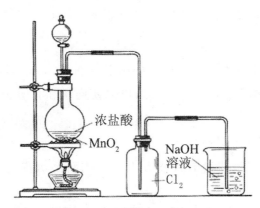

浓盐酸　MnO₂　NaOH 溶液　Cl₂

图 4-6　实验室制氯气的装置图

这个反应的化学方程式是:

$$4HCl(浓) + MnO_2 \xrightarrow{\triangle} MnCl_2 + 2H_2O + Cl_2\uparrow$$

 思考与交流

氯气是一种有毒气体,但可用于自来水的杀菌消毒;使用氯气对自来水消毒时可能产生一些负面影响,因此,人们开始研究并试用一些新型自来水消毒剂。从中你得到什么启示?

4. 氯离子的检验

【实验 4-13】向分别盛有稀盐酸、NaCl 溶液、Na_2CO_3 溶液的三支试管里,各加入几滴 $AgNO_3$ 溶液。观察发生的现象。再滴入几滴稀硝酸,有什么变化?

可以看到,三支试管里都有沉淀生成,前两支试管中的白色沉淀不溶于稀硝酸,这是 AgCl 沉淀;第三支试管中的沉淀溶解于稀硝酸,这是 Ag_2CO_3 沉淀。前两支试管里发生的离子反应是相同的,可用同一离子方程式表示:

$$Cl^- + Ag^+ = AgCl\downarrow$$

第三支试管里发生的离子反应是:

$$CO_3^{2-} + 2Ag^+ = Ag_2CO_3\downarrow$$

Ag_2CO_3 溶于稀硝酸:

$$Ag_2CO_3 + 2H^+ = 2Ag^+ + CO_2\uparrow + H_2O$$

因此,在用 $AgNO_3$ 溶液检验 Cl^- 时,可先在被检验的溶液里滴加少量的稀硝酸,将其酸化,以排除 CO_3^{2-} 的干扰,然后再滴入 $AgNO_3$ 溶液,如产生白色沉淀,则可判断该溶液中含有 Cl^-。

科学视野

氯气的发现

氯气的发现应归功于瑞典化学家舍勒。舍勒是在 1774 年发现氯气的。当时他正在研究软锰矿(主要成分是 MnO_2),当他将软锰矿与浓盐酸混合并加热时,产生了一种黄绿色的气体,这种气体强烈的刺激性气味使舍勒感到极为难受,但是当他确信自己制得了一种新气体后,他又感到一种由衷的高兴。

舍勒制备出氯气以后,把它溶解在水里,发现这种气体的水溶液对纸张、蔬菜和花都具有永久性的漂白作用;他还发现氯气能与金属或金属氧化物发生化学反应。从 1774 年舍勒发现氯气到 1810 年,许多科学家先后对这种气体的性质进行了研究。这期间,氯气一直被当作一种化合物。直到 1810 年,戴维经过大量实验研究,才确认这种气体是由一种元素组成的物质。他将这种元素命名为 chlorine,这个名称来自希腊文,有"绿色的"意思。我国早年的译文将其译作"绿气",后改为氯气。

习题 §4.2.1

一、填空题

1. 氯的原子结构示意图为_____。在化学反应中氯原子易得到_____个电子,形成_____个电子的稳定结构。制取氯气时常用_____法收集,多余的氯气用_____吸收。

2. 新制备的氯水显_____色,说明氯水中有_____分子存在。蓝色石蕊试纸遇到氯水后,首先变红,但很快又褪色,这是因为＿＿＿＿＿＿＿＿＿＿＿＿＿＿＿＿＿＿。

二、选择题

1. 下列关于 Cl 和 Cl⁻ 的说法中,正确的是(　　)。

　　A. 都有毒　　　　　　　　　　　　B. 都呈黄绿色

　　C. 都属于同种元素　　　　　　　　D. 都能与钠反应

2. 下列物质中,属于纯净物的是(　　)。

　　A. 氯水　　　　　B. 氯化氢　　　　　C. 液氯　　　　　D. 漂粉精

3. 下列物质中,不能使有色布条褪色的是(　　)。

　　A. 次氯酸钠溶液　　　　　　　　　B. 次氯酸钙溶液

　　C. 氯水　　　　　　　　　　　　　D. 氯化钙

4. 下列说法中错误的是(　　)。

　　A. 燃烧一定伴有发光现象　　　　　B. 燃烧一定是氧化还原反应

　　C. 燃烧一定要有氧气参加　　　　　D. 燃烧一定会放出热量

5. "84"消毒液在日常生活中使用广泛,该消毒液无色,有漂白作用。它的有效成分是下列物质中的一种,这种物质是(　　)。

　　A. NaOH　　　　　B. NaClO　　　　　C. KMnO₄　　　　　D. Na₂O₂

6. 下列离子方程式中,错误的是(　　)。

　　A. 氯气与烧碱溶液反应:$Cl_2 + 2OH^- = Cl^- + ClO^- + H_2O$

　　B. 氯气与 KOH 溶液反应:$Cl_2 + 2OH^- = Cl^- + ClO^- + H_2O$

　　C. 盐酸与 AgNO₃ 溶液反应:$HCl + Ag^+ = H^+ + AgCl\downarrow$

　　D. NaCl 溶液与 AgNO₃ 溶液反应:$Cl^- + Ag^+ = AgCl\downarrow$

7. 下列关于新制氯水的叙述中不正确的是(　　)。

　　A. 新制氯水中含有的分子包括 Cl_2、H_2O,含有的离子包括 H^+、Cl^-、ClO^-

　　B. 新制氯水在光照下分解释放出无色气体

　　C. 新制氯水放置数天后漂白能力变弱

　　D. 新制氯水滴在蓝色石蕊试纸上先变红后褪色

8. 检验氯化氢气体中是否混有氯气,可采用的方法是(　　)。

　　A. 用干燥的蓝色石蕊试纸　　　　　B. 用湿润的有色布条

　　C. 气体通入硝酸银溶液　　　　　　D. 用湿润的淀粉试纸

9. 在新制氯水中存在多种分子和离子,它们在不同的反应中表现出各自的性质。下列实验现象正确,且与结论一致的是(　　)。

　　A. 溶液呈浅黄绿色,且有刺激性气味,说明有 Cl_2 分子存在

　　B. 加入有色布条,一会儿有色布条褪色,说明溶液中有 Cl_2 存在

　　C. 新制氯水滴在 pH 试纸上,一段时间后只观察到试纸变红,说明 H^+ 存在

　　D. 加入 NaOH 溶液,氯水浅黄绿色消失,说明有 HClO 分子存在

10. 下列各组物质的成分完全相同的是(　　)。

A. 液氯和氯气　　　　　　　　　　　B. 液氯和氯水

C. 氯化氢和盐酸　　　　　　　　　　D. 水煤气和天然气

三、下列说法是否正确？为什么？

1. 氯水的 pH 小于 7。

2. 燃烧不一定要有氧气参加,任何发光放热的剧烈的化学反应都可以叫做燃烧。

3. 氯气不能使干燥的有色布条褪色,液氯能使干燥的有色布条褪色。

4. 氯气、氯水和盐酸中都含有氯元素,所以它们都呈黄绿色。

4.2.2　卤族元素

由于氟、氯、溴、碘等元素在原子结构和元素性质上具有一定的相似性(如它们都可以和很多金属形成盐类),因此,将它们统称为卤族元素,简称卤素。

卤族元素的原子结构如下所示:

卤族元素原子的最外电子层上都有 7 个电子,依氟、氯、溴、碘的顺序它们的核外电子层数依次增多,原子半径依次增大。

1. 卤素单质的物理性质

卤素在自然界都以化合态形式存在,它们的单质可由人工制得。卤素的单质都是双原子的分子。表 4-3 中列出了卤素单质的物理性质。

表 4-3　卤族元素单质的物理性质

单质	颜色和状态	密度	熔点/℃	沸点℃
F_2	淡黄绿色气体	1.69g/L(15℃)	−219.6	−188.1
Cl_2	黄绿色气体	3.214g/L(0℃)	−101	−34.6
Br_2	深红棕色液体	3.119g/L(20℃)	−7.2	58.78
I_2	紫黑色固体	4.93g/cm³	113.5	184.4

从表 4-3 中可以看出,在常温下,氟、氯是气体,溴是液体,碘是固体。它们的颜色由淡黄绿色到紫黑色,逐渐变深。氟、氯、溴、碘在常压下的熔点和沸点也依次逐渐升高。

2. 卤素单质的化学性质

卤素原子结构相似,最外层都有 7 个电子,具有典型的非金属性,在化学反应中容易得到 1 个电子,形成 8 个电子的稳定结构,因此它们的化学性质相似。但由于卤素原子的电子层数不同,因此在化学性质上又表现出一定的递变性。

(1)卤素单质与氢气的反应

氟的性质比氯更活泼,氟气跟氢气的反应不需要光照,在暗处就能剧烈化合并发生爆炸,生成的氟化氢很稳定。

$$H_2 + F_2 = 2HF$$

溴的性质不如氯活泼,溴跟氢气的反应在加热到 500℃ 时才能较缓慢地进行,生成的溴化氢也不如氯化氢稳定。

$$H_2 + Br_2 \xrightarrow{\triangle} 2HBr$$

碘的性质比溴更不活泼,碘跟氢气的反应在不断加热的条件下才能缓慢进行,而且生成的碘化氢很不稳定,同时发生分解。

$$H_2 + I_2 \xrightarrow{\triangle} 2HI$$

通常我们把向生成物方向进行的反应叫做正反应,把向反应物方向进行的反应叫做逆反应。像这种在同一条件下,既能向正反应方向进行,同时又能向逆反应方向进行的反应叫做可逆反应。化学方程式里,用两个方向相反的箭头代替等号来表示可逆反应。

随着核电荷数的增多,卤素单质与氢气反应的剧烈程度逐渐减弱,生成的氢化物的稳定性也逐渐降低。

(2)卤素单质间的置换反应

在卤素与氢气和水的反应中,已经表现出氟、氯、溴、碘在化学性质上的一些相似性和递变性,现在再通过卤素单质间的置换反应来比较它们氧化性的相对强弱。

【实验 4-14】把少量新制的氯水分别注入盛有 NaBr 溶液和 KI 溶液的两支试管中,用力振荡后,再注入少量四氯化碳。观察四氯化碳层和溶液颜色的变化。

【实验 4-15】把少量溴水注入盛有 KI 溶液的试管中,用力振荡后。观察溶液颜色的变化。

溶液颜色的变化,说明氯可以把溴或碘从它们的化合物里置换出来,溴可以把碘从它的化合物中置换出来。

$$2NaBr + Cl_2 = 2NaCl + Br_2$$
$$2KI + Cl_2 = 2KCl + I_2$$
$$2KI + Br_2 = 2KBr + I_2$$

可见,在氯、溴、碘这三种元素里,氯比溴活泼,溴又比碘活泼。科学实验证明,氟的性质比氯、溴、碘更活泼,能把氯等从它们的卤化物中置换出来。

卤素是活泼非金属,容易得到电子而被还原,它们本身是强氧化剂。但是,卤素各原子的核电荷数不同,核外电子层数不同,原子的半径大小不同,各原子核对外层电子的吸引力也有所不同。氟的原子半径小,最外层电子受核的吸引力强,它得到电子的能力也很强,因此,氟的氧化性很强;碘的原子半径大,最外层电子受核的吸引力较弱,它得到电子的能力也较弱,因此,碘的氧化性较弱。在卤素中,氟、氯、溴、碘的原子半径依次增大,它们的氧化性也就依次减弱。

(3)卤离子的检验

【实验 4-16】将少量 AgNO_3 溶液分别滴入盛有 KCl 溶液、KBr 溶液和 KI 溶液的三支试管中,观察并比较三支试管中发生的现象。再向三支试管中各加入少量稀硝酸,观察有什么变化?

可以看到,在三支试管里分别有白色、浅黄色、黄色的沉淀生成。

$$KCl + AgNO_3 \Longrightarrow AgCl\downarrow + KNO_3$$

$$KBr + AgNO_3 \Longrightarrow AgBr\downarrow + KNO_3$$

$$KI + AgNO_3 \Longrightarrow AgI\downarrow + KNO_3$$

三种沉淀呈现不同的颜色,不溶于水,也不溶于稀硝酸。根据此性质,可以用来鉴定卤离子。注意,因 AgF 易溶,F^- 不能用 $AgNO_3$ 溶液检验。

科学视野

碘化合物的主要用途

碘酸钾、碘化钾等含碘的化合物,不仅是我们在实验室中常用的化学试剂,而且也能供给人体必不可少的微量元素——碘。

碘有极其重要的生理作用,在人体中碘的总量约为 12mg～20mg,其中约 1/2 分布在甲状腺内。甲状腺内的甲状腺球蛋白是一种含碘的蛋白质,是人体的碘库。一旦人体需要时,甲状腺球蛋白就很快水解为有生物活性的甲状腺素,并通过血液到达人体的各个组织。

甲状腺素是一种含碘的氨基酸,它具有促进体内物质和能量代谢、促进身体生长发育、提高神经系统的兴奋性等生理功能。

人体中如果缺碘,甲状腺就得不到足够的碘,甲状腺素的合成就会受到影响,使得甲状腺组织产生代偿性增生,形成甲状腺肿(即我们常说的大脖子病)。甲状腺肿等碘缺乏病是世界上分布最广、发病人数最多的一种地方病。我国是世界上严重缺碘的地区,全国有约四亿多人缺碘。1990 年 9 月,71 个国家的政府首脑签署了《九十年代儿童生存、保护和发展世界宣言》和《行动计划》,把在 2000 年全球消除碘缺乏病作为主要目标。

人体一般每日摄入 0.1mg～0.2mg 碘就可以满足需要。在正常情况下,人们可以通过食物、饮水及呼吸即可摄入所需的微量碘。但在一些地区,由于各种原因,水和土壤中缺碘,食物中的含碘量也较少,造成人体摄碘量少。有些地区由于在食物中含有阻碍人体吸收碘的某些物质,也会造成人体缺碘。

碘缺乏病给人类的智力与健康造成了极大的损害,对婴幼儿的危害尤其严重。因为严重缺碘的妇女,容易生出患有克汀病和智力低下的婴儿。克汀病的患儿身体矮小、智力低下、发育不全,甚至痴呆,即使是轻症患儿也多有智力低下的表现。1991 年,我国政府向全世界做出了"到 2000 年在全国消灭碘缺乏病"的庄严承诺。

为了防止碘缺乏病,各国都采取了一些措施。例如,提供含碘食盐或其他含碘的食品,食用含碘丰富的海产品等,其中以食用含碘食盐最为方便有效。我国政府为了消除碘缺乏病,在居民的食用盐中均加入了一定量的碘酸钾,以确保人体对碘的摄入量。

值得注意的是,人体摄入过多的碘也是有害的,因此,不能认为高碘的食物吃得越多越好,要根据个人的身体情况而定。

习题§4.2.2

一、填空题

1. 通常状况下,卤素单质中_____和_____是气体,_____是液体,_____是固体。

2. 卤素原子最外层的电子数都是_____个,在化学反应中卤素原子容易得到_____个电子。在卤化物中,卤素最常见的化合价是_____价。

3. 在卤族元素中,氧化性最强的是_____,原子半径最小的是_____。

4. 在 NaBr 溶液中加入 AgNO$_3$ 溶液,产生_____色沉淀;加入稀 HNO$_3$ 后,沉淀_____。

二、选择题

1. 下列关于卤族元素的说法中,不正确的是(　　)。

    A. 单质的熔点和沸点随核电荷数的增加逐渐升高

    B. 单质的颜色随核电荷数的增加逐渐加深

    C. 单质的氧化性随核电荷数的增加逐渐增强

    D. 氢化物的稳定性随核电荷数的增加逐渐增强

2. 下列物质中,与 AgNO$_3$ 溶液混合后,能产生黄色沉淀的是(　　)。

    A. 氯水　　　　　B. KI 溶液　　　　　C. KCl 溶液　　　　　D. I$_2$

3. 溴(Br)与氯同属"卤族"元素,其单质在性质上具有很大的相似性,但 Cl$_2$ 比 Br$_2$ 的活泼性强,下面是根据氯的性质对溴的性质的预测,其中不正确的是(　　)。

    A. 溴单质常温下为液态,但极容易挥发为溴蒸气

    B. 溴单质只具有氧化性

    C. 溴原子最外层有 7 个电子,在化学反应中容易得 1 个电子,表现氧化性

    D. 溴离子可以用 AgNO$_3$ 酸性溶液来检验

三、简答题

在实验室如何检测溴离子和碘离子?

4.2.3　海水资源的开发利用

海洋约占地球表面积的 71%,具有十分巨大的开发潜力。仅以海水资源为例,海水水资源的利用和海水化学资源的利用具有非常广阔的前景。

1. 海水水资源的利用

海水的储量约为 1.3×10^9 亿吨,约占地球上总水量的 97%。海水水资源的利用,主要包括海水的淡化和直接利用海水进行循环冷却等。通过从海水中提取淡水或从海水中把盐分离出去,都可以达到淡化海水的目的。海水淡化的方法主要有蒸馏法、电渗析法、离子交换法等。其中蒸馏法的历史最久,技术和工艺也比较成熟,但成本较高。因此,海

水淡化与化工生产结合、与能源技术结合,成为海水综合利用的重要方向。

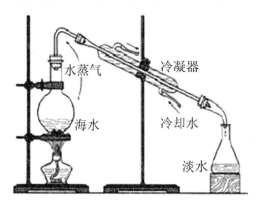

图 4-7 海水蒸馏原理示意图

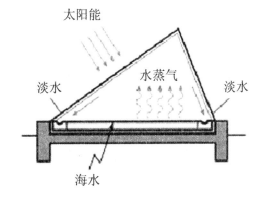

图 4-8 太阳能蒸发原理示意图

2. 海水化学资源的开发利用

由于与岩石、大气和生物的相互作用,海水中溶解和悬浮着大量的无机物和有机物,按含量计,H_2O 中的 H、O 两种元素,加上 Cl、Na、K、Mg、Ca、S、C、F、B、Br、Sr 等 11 种元素超过总量的 99%,其他为微量元素,总计含有 80 多种元素。虽然海水中元素的种类很多,总储量很大,但许多元素的富集程度却很低。例如,海水中金元素的总储量约为 5×10^7 t,而 1t 海水中的含量仅有 4×10^{-6} g。因此,海洋是一个远未完全开发的巨大化学资源宝库。

我国海水制盐具有悠久的历史。目前,从海水中制得的氯化钠除食用外,还用作工业原料,如生产烧碱、纯碱、金属钠以及氯气、盐酸、漂白粉等含氯化工产品。从海水中制取镁、钾、溴及其化工产品,是在传统海水制盐工业上的发展。

 实践活动

我们知道海带中含有碘元素,怎样通过实验证明海带中确实存在碘元素呢?(提示:海带灼烧后的灰烬中碘元素以 I^- 形式存在,H_2O_2 可以将 I^- 氧化为碘单质。)

1. 取 3g 左右的干海带,把干海带表面的附着物用刷子刷净(不要用水冲洗),用剪刀剪碎后,用酒精润湿,放入坩埚中。点燃酒精灯,灼烧海带至完全变成灰烬,停止加热,

冷却。

　　2．将海带灰转移到小烧杯中，向其中加入 10mL 蒸馏水，搅拌、煮沸 2~3min，过滤。

　　3．在滤液中滴入几滴稀硫酸(3mol/L)，再加入约 1mL H_2O_2(质量分数为 3%)，观察现象。加入几滴淀粉溶液，观察现象。

 思考与交流

　　将 Br^- 转变为 Br_2 是海水提溴中关键的化学反应(见科学视野"海水提溴")，你能否设计一个实验方案模拟这一生产过程？写出有关反应的化学方程式。

 资料卡片

　　如果将海水中的盐类全部提取出来，铺在地球的陆地上，可以使陆地平均升高 150m。

 科学视野

海 水 提 溴

　　目前，从海水中提取的溴占世界溴年生产量的 1/3 左右。空气吹出法是用于工业规模海水提溴的常用方法，其中一种工艺是在预先经过酸化的浓缩海水中，用氯气置换溴离子使之成为单质溴，继而通入空气和水蒸气，将溴吹入吸收塔，使溴蒸气和吸收剂二氧化硫发生作用转化成氢溴酸以达到富集的目的。然后，再用氯气将其氧化得到产品溴。

　　在工业生产中，海水提溴可以与其他生产过程结合起来，如反应需要一定的温度，就可以利用在火力发电厂和核电站用于冷却的循环海水，以减少能耗；再如海水淡化后的浓海水中，由于溴离子得到了浓缩，以此为原料就可以提高制溴的效益。

　　除了上面一些实例外，从海水获得其他物质和能量具有广阔的前景。例如，铀和重水目前是核能开发中的重要原料，从海水中提铀和重水对一个国家来说具有战略意义。化学在开发海洋药物方面也将发挥越来越大的作用。潮汐能、波浪能等也是越来越受到重视和开发的新型能源。

　　在研究和开发海水资源时，不能以牺牲环境为代价，也决不应违背可持续发展的原则。

 习题§4.2.3

一、简答题

　　1．试写出工业上海水提溴、实验室中海带提碘过程中所发生的主要反应的离子方程式。

　　2．写出氯气通入溴化钠溶液的化学方程式

　　3．写出溴水加入氟化钠溶液的化学方程式

　　4．写出氯气通入碘化钠溶液的化学方程式

5. 写出碘加入溴化钠溶液的化学方程式

归纳与整理

一、碱金属元素的原子结构和性质的比较

元素名称	元素符号	核电荷数	相似性			递变性			
			颜色和状态	最外层电子数	化学性质	熔点	沸点	电子层数	化学性质
锂									
钠									
钾									
铷									
铯									

二、钠和钠的化合物间的相互关系

$$Na \longrightarrow Na_2O_2 \longrightarrow NaOH \Longleftrightarrow Na_2CO_3 \longleftarrow NaHCO_3$$

三、焰色反应

多种金属或它们的化合物在灼烧时都能使火焰呈现特殊的颜色,这在化学上叫做焰色反应。根据焰色反应所呈现的特殊颜色,可以判断某些金属或金属离子的存在。

四、卤族元素的性质及其变化规律

卤族单质都具有较强的氧化性,其中氟的氧化性最强,氯、溴、碘随着其原子半径的增大,氧化性逐渐减弱。

化学式		F_2	Cl_2	Br_2	I_2
物理性质	颜色状态				
	密度变化				
	溶、沸点变化				
化学性质	与 H_2 反应				
	置换反应				

五、海水资源的开发利用

1. 海水水资源的利用

2. 海水化学资源的利用

复　习　题

一、填空题

1. 在碱金属中,密度最小的是_____,金属性最强的是_____。

2. 氟、氯、溴、碘的单质中,与氢气混合后在暗处就能发生剧烈反应的是_____;不能将其他卤化物中的卤素置换出来的是_____。

二、选择题

1. 在实验室中,少量的钠、钾应当保存在(　　　)。

  A. 水中   B. 煤油中

  C. 汽油中   D. 四氯化碳中

2. 下列各组物质中,反应后生成碱和氧气的是(　　　)。

  A. Na 和 H_2O B. Na_2O 和 H_2O

  C. K 和 H_2O D. Na_2O_2 和 H_2O

3. 下列物质中,同时含有氯分子、氯离子和氯的含氧化合物的是(　　　)。

  A. 氯水   B. 液氯

  C. 氯酸钾   D. 次氯酸钙

4. 下列关于 F、Cl、Br、I 性质的比较,不正确的是(　　　)。

  A. 它们的核外电子层数随核电荷数的增加而增多

  B. 被其他卤素单质从卤化物中置换出来的可能性随核电荷数的增加而增大

  C. 它们的氢化物的稳定性随核电荷数的增加而增强

  D. 它们的单质的颜色随核电荷数的增加而加深

5. 在用浓盐酸与 MnO_2 共热制取 Cl_2 的反应中,消耗的氯化氢的物质的量与作还原剂的氯化氢的物质的量之比是(　　　)。

  A. 1∶1   B. 1∶2   C. 2∶1   D. 4∶1

三、简答题

1. 用洁净的铂丝蘸取某淡黄色粉末在无色火焰上灼烧时,火焰呈黄色。另取少量粉末放入试管中,加入少量水,有气泡产生,这种气体能使带火星的木条复燃。向该水溶液中滴入酚酞试液,溶液变红。推断这种淡黄色粉末是什么物质,写出有关反应的化学方程式。

2. 有 A、B、C、D、E、F、G 七种气体,它们分别是 CO、O_2、H_2、CO_2、Cl_2、HBr、HCl 中的一种。通过下列事实判断 A、B、C、D、E、F、G 各是什么气体?

(1) A、B、C 均难溶于水,D、E 能溶于水,F、G 易溶于水。

(2) A 和 C 都能在 B 中燃烧,火焰呈淡蓝色。A 在 B 中燃烧的产物在通常状况下是液体,C 在 B 中的燃烧产物是 D。

（3）D 是无色气体，能使澄清的石灰水变浑浊。

（4）A 也能在 E 中燃烧，火焰为苍白色，生成物为 F。

（5）将适量 E 通入 G 的水溶液中，溶液变为棕红色。

（6）G 的水溶液的 pH 小于 7。在 G 的水溶液中滴加 $AgNO_3$ 溶液时，有沉淀生成。

第5章　原子结构　化学键

我们知道,事物发展的根本原因,不是在事物的外部,而是在事物的内部。物质在不同条件下表现出来的各种性质,都与它们的结构有关。我们在初中学过一些有关物质结构的初步知识,为了更好地学习物质的性质及其变化规律,现在需要进一步学习有关物质结构理论的基础知识。

§5.1　原子的组成　同位素

5.1.1　原子的组成

19 世纪初,人们发现,原子虽小,但仍能再分。科学实验证明,原子是由居于原子中心的带正电荷的原子核和核外带负电荷的电子构成的。原子核所带的正电荷数(简称核电荷数)与核外电子所带的负电荷数相等,所以整个原子是电中性的。原子很小,原子核更小,它的半径约为原子半径的十万分之一,它的体积只占原子体积的几千亿分之一。原子核虽小,但并不简单,它是由质子和中子两种粒子构成的。质子带一个单位正电荷,中子不带电荷。因此原子核所带的电荷数(Z)由核内质子数决定。即:

$$核电荷数(Z)=核内质子数=核外电子数$$

由于电子的质量极小,因此,原子质量主要集中在原子核上。质子和中子的相对质量都近似为 1,如果忽略电子的质量,将原子核内所有的质子和中子的相对质量取整数值相加,所得的数值,叫做质量数,用符号 A 表示。中子数用符号 N 表示。则:

$$质量数(A)=质子数(Z)+中子数(N)$$

因此,只要知道上述三个数值中的任意两个,就可以推算出另一个数值来。例如,知道硫原子的核电荷数为 16,质量数为 32,则:

$$硫原子的中子数 N=A-Z=32-16=16$$

归纳起来,如以 X 代表一个质量数为 A,质子数为 Z 的原子,那么,构成原子的粒子间的关系可以表示如下:

$$原子 {}_Z^A X \begin{cases} 原子核 \begin{cases} 质子 & Z 个 \\ 中子 & (A-Z) 个 \end{cases} \\ 核外电子 & Z 个 \end{cases}$$

5.1.2　原子核外电子的排布

1. 原子核外电子运动的特征

我们在生活中见到汽车在公路上奔驰,用仪器观察到人造卫星按一定轨道绕地球旋转,对于这些运动着的物体,我们都可以准确地测定出它们在某一时刻所处的位置和运行的速度,描画出它们的运动轨迹。但是,当电子在原子核外很小的空间内作高速运动时,其运动规律跟普通物体不同,它们没有确定的轨道。因此,我们不能同时准确地测定电子在某一时刻所处的位置和运动的速度,也不能描画出它的运动轨迹。我们在描述核外电子的运动时,只能指出它在原子核外空间某处出现机会的多少。电子在原子核外空间一定范围内出现,可以想象为一团带负电荷的云雾笼罩在原子核周围,所以,人们形象地把它叫做"电子云"。电子云密度大的地方,表明电子在核外空间单位体积内出现的机会多;电子云密度小的地方,表明电子在核外空间单位体积内出现的机会少。图 5-1 是在通常状况下氢原子的电子云示意图,氢原子的电子云呈球形对称,在离核近的地方电子云密度大,离核远的地方电子云密度小,说明在离核近的地方单位体积内电子出现的机会多,在离核远的地方单位体积内电子出现的机会少。

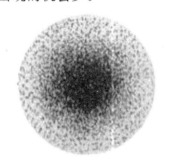

图 5-1　在通常状况下氢原子电子云示意图

有人可能会问,氢原子核外只有 1 个电子,它怎么能够形成电子云呢? 为了解答这个问题,我们假设有一架特殊的照相机,能够给氢原子照相(当然,在目前的技术条件下还没有这种照相机)。先给氢原子拍五张照片,得到图像(如图 5-2)。图中的 ⊕ 表示原子核,一个小黑点表示电子在这里出现过一次。

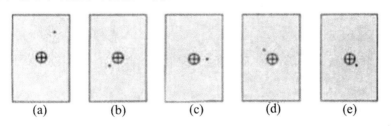

(a)　　　　(b)　　　　(c)　　　　(d)　　　　(e)

图 5-2　氢原子的五次瞬间照相

当我们继续给氢原子拍了成千上万张照片,并把这些照片逐一对比研究以后,我们就会得到这样一个印象:氢原子核外电子的运动是毫无规律的,一会儿在这里出现,一会儿在那里出现。如果我们将这些照片叠印在一起,就会看到如图 5-3 所示的图像。这个图像说明,氢原子照片叠印的张数越多,就越能给人一种有一团电子云雾笼罩在原子核外的印象。实际上,图 5-3(d)就是在通常状况下氢原子的电子云示意图。

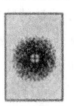

(a)5 张照　　(b)20 张照　　(c)100 张照　　(d) 许多张照
片叠印　　　片叠印　　　片叠印　　　片叠印

图 5-3　将若干张氢原子瞬间照片叠印的结果

通过上面的叙述,我们可以看出,电子云实际上是用统计的方法对核外电子运动规律所作的一种描述。

2. 原子核外电子的排布

与原子相比,原子核的体积更小,如果把原子比作一个体育场,那么原子核只相当于体育场中的一只蚂蚁。因此,原子核外有很大的空间,电子就在这个空间里作高速的运动。

科学研究表明,在含有多个电子的原子中,核外电子具有不同的运动状态,离核近的电子能量较低,离核越远,电子的能量越高。离核最近的电子层为第一层,次之为第二层,依次类推为三、四、五、六、七层,也可以把它们依次叫 K、L、M、N、O、P、Q 层。离核最远的也叫最外层。核外电子的这种分层运动又叫做分层排布。核外电子总是尽可能排布在能量最低的电子层里,然后再排布在能量较高的电子层里。核外各电子层最多容纳的电子数目是 $2n^2$(n 为电子层序数)。第一层电子数不超过 2 个,第二层电子数不超过 8 个,最外层电子数也不超过 8 个(只有一层的,电子不超过 2 个)。

 思考与交流

根据原子核外电子排布的一般规律,画出 Na、Cl 的原子结构示意图。

用原子结构示意图可以简明、方便地表示核外电子的分层排布(如图 5-4)

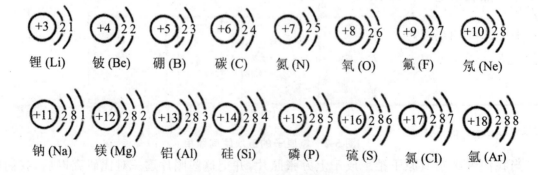

图 5-4　部分原子的结构示意图

氖、氩等稀有气体不易与其他物质发生反应,化学性质比较稳定,它们的原子最外层都有 8 个电子(氦为 2 个电子),这样的结构被认为是一种相对稳定的结构。钠、镁、铝等金属的原子最外层电子一般都少于 4 个,在化学反应中易失去电子;氯、氧、硫、磷等非金属原子的最外层电子一般都多于 4 个,在化学反应中,易得到电子,都趋于达到相对稳定的结构。

 资料卡片

物质由微观粒子构成

物质是由分子、原子等微观粒子构成的,这些粒子处于不停地运动之中。在物理变化中,分子不会变成其他分子;在化学变化中,分子会变成其他分子。构成物质的分子是保持该物质化学性质的最小粒子。在化学变化中,分子可以分为原子,原子又可以结合成新的分子。在化学变化中,原子不能再分,它是参加化学变化(反应)的最小粒子。

5.1.3　同位素

元素是具有相同核电荷数(即质子数)的同一类原子的总称。同种元素原子的质子数相同。那么,它们的中子数是否相同呢？ 科学研究证明,同种元素原子的原子核中,中子数不一定相同。例如,氢元素原子的原子核中都含 1 个质子,但有的氢原子核中不含中子,有的氢原子核中含 1 个中子,还有的氢原子核中含 2 个中子:

不含中子的氢原子叫做氕;也就是普通氢原子,通常用 H 表示。

含 1 个中子的氢原子叫做氘,就是重氢,通常用符号 D 表示。

含 2 个中子的氢原子叫做氚,就是超重氢,通常用符号 T 表示。

我们把具有相同核电荷数(即质子数),不同中子数的同种元素的不同原子互称为同位素。

同一元素的各种同位素虽然质量数不同,但它们的化学性质基本相同。

天然存在的同位素,相互间保持一定的比率。许多元素都有同位素,如氧元素有 $_8^{16}O$、$_8^{17}O$ 和 $_8^{18}O$ 三种同位素;碳元素有 $_6^{12}C$、$_6^{13}C$ 和 $_6^{14}C$ 等多种同位素;铀元素有 $_{92}^{234}U$、$_{92}^{235}U$、$_{92}^{238}U$ 等多种同位素;等等。此外,科学家还利用核反应人工制造出很多种同位素。同位素中,有些具有放射性,称为放射性同位素。同位素在日常生活、工农业生产和科学研究中有着重要的用途,如考古时利用 $_6^{14}C$ 测定一些文物的年代,$_1^2H$ 和 $_1^3H$ 用于制造氢弹,利用放射性同位素释放的射线进行作物育种、治疗恶性肿瘤等。

 资料卡片

某些物质能放射出肉眼看不见的射线,这些物质叫做放射性物质。它们放射出的射线有 α、β、γ 三种。α 射线是带正电的 α 粒子(氦原子核)流,β 射线是带负电的电子流,γ 射线不带电,是光子流。

科学视野

原子结构模型的演变

原子结构模型是科学家根据自己的认识,对原子结构的形象描摹。一种模型代表了人类对原子结构认识的一个阶段。人类认识原子的历史是漫长的,也是无止境的。下面介绍的几种原子结构模型简明形象地表示出了人类对原子结构认识逐步深化的演变过程。

道尔顿原子模型(1803 年):原子是组成物质的基本的粒子,它们是坚实的、不可再分的实心球。

汤姆生原子模型(1904 年):原子是一个平均分布着正电荷的粒子,其中镶嵌着许多电子,中和了正电荷,从而形成了中性原子。

卢瑟福原子模型(1911 年):在原子的中心有一个带正电荷的核,它的质量几乎等于原子的全部质量,电子在它的周围沿着不同的轨道运转,就像行星环绕太阳运转一样。

玻尔原子模型(1913 年):电子在原子核外空间的一定轨道上绕核做高速的圆周运动。

电子云模型(1927 年—1935 年):现代物质结构学说。

现在,科学家已能利用电子显微镜和扫描隧道显微镜拍摄表示原子图像的照片。随着现代科学技术的发展,人类对原子的认识过程还会不断深化。

 习题 §5.1

一、填空题

1. 填表

原子	质子数	中子数	电子数
$_{8}^{16}\text{O}$			
$_{17}^{37}\text{Cl}$			
$_{19}^{39}\text{K}$			

2. 在 $_{3}^{6}\text{Li}$, $_{7}^{14}\text{N}$, $_{11}^{23}\text{Na}$, $_{12}^{24}\text{Mg}$, $_{3}^{7}\text{Li}$, $_{6}^{14}\text{C}$ 几种元素中:

(1) _____和_____互为同位素。

(2) _____和_____质量数相等,但不能互称同位素。

(3) _____和_____的中子数相等,但质子数不相等,所以不是同一种元素。

3. 金属的原子最外层电子一般都_____ 4 个,在化学反应中易_____电子;非金属原子的最外层电子一般都_____ 4 个,在化学反应中,易_____电子;稀有气体的原子最外电子层有_____个电子(氦有_____个电子),这是一种相对稳定的结构。

4. 原子失去电子后,就带有_____电荷,成为_____离子;原子得到电子后,就带有_____电荷,成为_____离子。带电的原子叫做_____。

5. 原子核由_____和_____构成。

二、选择题

1. 下列各组物质中,互为同位素的是(　　)。

　　A. 石墨和金刚石　　　　　　　　B. 水和重水(D_2O)

　　C. 纯碱和烧碱　　　　　　　　　D. 氕和氚

2. 某元素二价阴离子的核外有 18 个电子,质量数为 32,该元素原子的原子核中的中子数为(　　)。

　　A. 12　　　　　　B. 14　　　　　　C. 16　　　　　　D. 18

3. 已知铱(Ir)元素的一种同位素是$^{191}_{77}$Ir,则其核内的中子数是(　　)。

　　A. 77　　　　　　B. 114　　　　　C. 191　　　　　D. 268

4. 下列电子层中,原子轨道的数目为 4 的是(　　)。

　　A. K 层　　　　　B. L 层　　　　　C. M 层　　　　　D. N 层

5. 考古时常用$^{14}_{6}$C 来测定文物的历史年代。$^{14}_{6}$C 的核外电子数是(　　)。

　　A. 6　　　　　　B. 8　　　　　　　C. 14　　　　　　D. 20

6. 美国科学家将两种元素铅和氪的原子核对撞,获得了一种质子数为 118,中子数为 175 的超重元素,该元素原子核内中子数与核外电子数之差是(　　)。

　　A. 57　　　　　　B. 47　　　　　　C. 61　　　　　　D. 293

7. 电子云示意图上的小黑点表示(　　)。

　　A. 每个小黑点表示一个电子　　B. 电子出现的固定位置

　　C. 电子距核的远近　　　　　　D. 小黑点的疏密表示电子出现机会的多少

8. ^{23}Na 与^{23}Na$^+$比较,相同的是(　　)。

　　A. 微粒半径　　　　　　　　　　B. 化学性质

　　C. 最外层电子数　　　　　　　　D. 中子数

9. 下列与氢氧根离子具有相同的质子数和电子数的微粒是(　　)。

　　A. CH_4　　　　B. NH_4^-　　　　C. NH_2^-　　　　D. Cl^-

10. 元素的化学性质主要决定于(　　)。

　　　A. 核外电子数　　　　　　　　B. 最外层电子数

　　　C. 核内质子数　　　　　　　　D. 核内中子数

11. 已知质量数为 A 的某阳离子 R^{n+},核外有 x 个电子,则核内中子数为(　　)。

　　　A. $A-x$　　B. $A-x-n$　　C. $A-x+n$　　D. $A+x-n$

12. 下列粒子的结构示意图表示氯离子的是(　　)。

　　A. (+9) 2 7　　B. (+9) 2 8　　C. (+17) 2 8 7　　D. (+17) 2 8 8

13. 某元素原子核外有 3 个电子层,最外层有 4 个电子,该原子核内的质子数为(　　)。

    A. 14   B. 15   C. 16   D. 17

14. 某元素原子的核电荷数是电子层数的五倍,其质子数是最外层电子数的三倍,该元素的原子核外电子排布是(　　)。

    A. 2,5   B. 2,7   C. 2,8,5   D. 2,8,7

15. 有下列电子层结构的各原子中最难形成离子的是(　　)。

    A. (+6) 2 4   B. (+13) 2 8 3   C. (+20) 2 8 8 2   D. (+17) 2 8 7

三、简答题

1. 与普通物体的运动相比,原子核外电子的运动有什么特点?

2. 在多电子原子里,根据什么划分电子层?

3. 画出氖、氧、铝、氮、碳、锂六种元素的原子结构示意图。

4. 简述原子核外电子排布的一般规律。

§5.2　元素周期律

    我们已经学习了碱金属、卤素以及它们的化合物的知识,了解到有些元素的性质相似,而有些又很不相同。为了认识元素之间的相互联系和内在规律。我们将核电荷数1～18的元素的核外电子排布、原子半径和主要化合价列成表(表5-1)来加以讨论。为了方便,人们按核电荷数由小到大的顺序给元素编号,这种编号,叫做原子序数。显然原子序数在数值上与这种原子的核电荷数相等。表5-1就是按原子序数的顺序编排的。

表 5-1　1～18 号元素的核外电子排布、原子半径和主要化合价

原子序数	1							2
元素名称	氢							氦
元素符号	H							He
核外电子排布	)							)2
原子半径 nm	0.037							0.122
主要化合价	+1							0
原子序数	3	4	5	6	7	8	9	10
元素名称	锂	铍	硼	碳	氮	氧	氟	氖
元素符号	Li	Be	B	C	N	O	F	Ne

续表

核外电子排布	））） 21	））） 22	））） 23	））） 24	））） 25	））） 26	））） 27	））） 28
原子半径 nm	0.125	0.089	0.082	0.077	0.075	0.074	0.071	0.160
主要化合价	+1	+2	+3	+4 -4	+5 -3	-2	-1	0
原子序数	11	12	13	14	15	16	17	18
元素名称	钠	镁	铝	硅	磷	硫	氯	氩
元素符号	Na	Mg	Al	Si	P	S	Cl	Ar
核外电子排布	））） 28	））） 282	））） 283	））） 284	））） 285	））） 286	））） 287	））） 288
原子半径 nm	0.186	0.160	0.143	0.117	0.110	0.102	0.099	0.191
主要化合价	+1	+2	+3	+4 -4	+5 -3	+6 -2	+7 -1	0

5.2.1　原子核外电子排布的周期性变化

从表 5-1 可以看出,原子序数从 1～2 的元素,即从氢到氦,有一个电子层,电子由 1 个增到 2 个,达到稳定结构。原子序数从 3～10 的元素,即从锂到氖,有两个电子层,最外层电子从 1 个递增到 8 个,达到稳定结构。原子序数从 11～18 的元素,即从钠到氩,有三个电子层,最外层电子从 1 个递增到 8 个,达到稳定结构。如果我们对 18 号以后的元素继续研究下去,同样可以发现,每隔一定数目的元素,会重复出现原子最外层电子数从 1 个递增到 8 个的情况。也就是说,随着原子序数的递增,元素原子的最外层电子排布呈周期性的变化。

5.2.2　原子半径的周期性变化

从表 5-1 可以看出,由碱金属 Li 到卤素 F,随着原子序数的递增,原子半径由 0.125nm 递减到 0.071nm,即原子半径由大逐渐变小。再由碱金属 Na 到卤素 Cl,随着原子序数的递增,原子半径由 0.186nm 递减到 0.099nm,即原子半径又是由大逐渐变小。如果把所有的元素按原子序数递增的顺序排列起来,将会发现,随着原子序数的递增,元素的原子半径呈现周期性的变化。图 5-5 表示碱金属等族元素的原子半径的周期性变化。

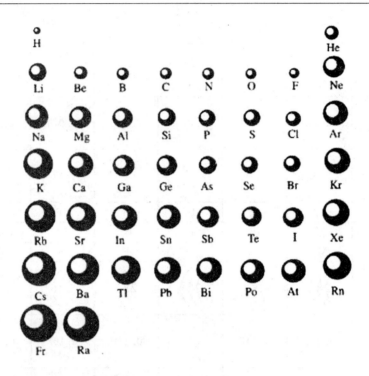

图 5-5 元素原子半径的周期性变化

5.2.3 元素主要化合价的周期性变化

从表 5-1 可以看出,从原子序数为 11 到 18 的元素在极大程度上重复着从 3 到 10 的元素所表现的化合价的变化,即正价从 +1(Na)逐渐递变到 +7(Cl),以稀有气体元素零价结束。从中部的元素开始有负价,负价从 -4(Si)递变到 -1(Cl)。如果研究 18 号元素以后的元素的化合价,同样可以看到与前面 18 种元素相似的变化。也就是说,随着原子序数的递增,元素的化合价呈现周期性的变化。

总结上述各点,得出如下结论:元素的性质随着原子序数的递增而呈周期性的变化。这个规律叫做元素周期律。

科学视野

俄国化学家门捷列夫

在化学教科书中,都附有一张"元素周期表",它揭示了物质世界的秘密,把一些看似互不相关的元素统一起来组成一个完整的自然体系。它的发明是近代化学史上的一个创举,对于促进化学的发展,起了巨大作用。每当看到这张表,人们都会想起它的最早发明者——门捷列夫。

德米特里·伊万诺维奇·门捷列夫,1834 年 2 月 7 日,出生于西伯利亚的托博尔斯克市。1848 年考入彼得堡专科学校,1850 年入彼得堡师范学院学习化学,1855 年以优异成绩毕业并取得教师资格,在任中学教师期间,他一边读书,一边在简陋环境下进行研究,发表《论比容》等论文,1856 年获化学高等学位,1857 年被批准为彼得堡大学化学教研室副教授,年仅 23 岁。在他讲授《化学基础》课时,有关元素等问题不断引起他的思考,当时·科学家们已发现 63 种元素,但其性质显得杂乱无章,有些科学家试着将这些元素按各自的化学性质整理成表,如 1829 年德国化学家德贝莱纳提出了"三元素"观点、法国人尚古多提出关于元素性质的"螺旋图"、德国的迈尔发表的"六元素表"等,但效果皆不理想,门捷列夫毫无畏惧地进行了艰难的探索工作。1859 年他到德国海德堡大学深造,1860 年参加了在卡尔斯鲁厄召开的国际化学家代表大会,1861 年回彼得堡,1866 年任彼得堡大学普通化学教授,期间,他把每一元素的名称、原子量、化学性质等都记在一张卡片上,无论走到哪里,他都离不开这些元素卡片,经常将卡片像玩纸牌那样收起、摆开、再收起、再摆开...人们都知道他喜欢"玩牌"。他生前总是穿着自己设计的似乎有点古怪的衣服,上衣口袋特别大,据说是为了便于放下厚厚的笔记本,因为每当他想到什么,总是习惯地立即掏出笔记本,把它顺手记下。1869 年的一天,他突然发现一个没有料到的现象,每一行元素的性质都是随原子量的增加而呈周期性变化,第一张元素周期表就这样诞生了。1869年 3 月,在他题为《元素性质与原子量的关系》的论文中,首次提出了元素周期律,发表了第一张元素周期表。他运用元素性质周期性的观点写成的《化学原理》一书,被译成多种文字出版,该书在 19 世纪末到 20 世纪初,被国际化学界公认为标准著作,先后出了 8 版,影响了一代又一代的化学家。1890 年,他当选为英国皇家学会外国会员。1907 年 2 月 2日,因心肌梗塞逝世于彼得堡,离 74 岁生日只差 5 天。

　　1875 年,法国化学家布瓦博德朗在分析闪锌矿时发现一种新元素,它命名为镓,并将他测得的主要性质公布于众,不久便收到了门捷列夫的来信,说镓的比重不是 4.7 而是5.9~6.0

　　当时布瓦博德朗很疑惑,因为他是唯一掌握金属镓的人,门捷列夫是怎样知道它的比重呢? 经重新测定,镓的比重是 5.9,结果使他大为惊奇,他认真阅读了门捷列夫的周期律论文后,感慨地说:"我没有可说的了,事实证明了门捷列夫这一理论的巨大意义。"

　　元素周期律的发现,意义非常重大,是它结束了几百年来无机化学研究的零乱琐碎的局面,在它指导下,从 1869 年到 19 世纪末的 30 年里,又发现了 22 种元素。门捷列夫的光辉业绩和治学严谨及谦逊的态度永远值得后人学习,恩格斯在《自然辩证法》中曾指出:"门捷列夫不自觉地应用黑格尔的量转化为质的规律,完成了科学上的一个勋业,这个勋业可以和勒维烈计算尚未知道的行星海王星的轨道勋业居于同等地位。"

　　1955 年,科学家们为纪念元素周期表的发明者门捷列夫,将 101 号元素命名为钔。1934 年是门捷列夫诞辰 100 周年,苏联邮政于 9 月 15 日发行了一套 4 枚纪念邮票来纪念这位伟人。

习题 §5.2

一、填空题

1. 从 Na 到 Cl,它们的原子核外电子层数均为_____层,但随着核电荷数的增加,核对外层电子的吸引力依次_____,因此,从 Na 到 Cl 原子半径越来越_____。

2. X 和 Y 是原子序数小于 18 的元素,X 原子比 Y 原子多 1 个电子层;X 原子的最外电子层中只有 1 个电子;Y 原子的最外电子层中有 7 个电子。这两种元素形成的化合物的化学式是_____。

3. 元素周期律是指元素的性质随_____的递增,而呈_____性变化的规律。

二、选择题

1. 元素的性质随着原子序数的递增呈现周期性变化的原因是(　　)。

    A. 元素原子的核外电子排布呈周期性变化

    B. 元素原子的电子层数呈周期性变化

    C. 元素的化合价呈周期性变化

    D. 元素原子半径呈周期性变化

2. 根据元素在周期表中的位置判断,下列元素中原子半径最小的是(　　)。

    A. 氧　　　　　　B. 氟　　　　　　C. 碳　　　　　　D. 氮

3. 下列递变情况中不正确的是(　　)。

    A. 钠、镁、铝原子的最外层电子数依次增多

    B. 硅、磷、硫、氯元素的最高正化合价依次升高

    C. 碳、氮、氧、氟的原子半径依次增大

    D. 锂、钠、钾、铷的金属性依次增强

4. 有 A、B 和 C 三种元素,若 A 元素的阴离子与 B、C 元素的阳离子具有相同的电子层结构,且 B 的阳离子半径大于 C 的阳离子半径,则这三种元素的原子序数大小次序是(　　)。

    A. B<C<A　　　B. A<B<C　　　C. C<B<A　　　D. B>C>A

5. 下列各组元素性质递变情况错误的是(　　)。

    A. Li、Be、B 原子最外层电子数逐渐增多

    B. N、O、F 原子半径依次增大

    C. P、S、Cl 最高正价依次升高

    D. Li、Na、K、Rb 的活泼性依次增强

6. 周期表中 16 号元素和 4 号元素的原子相比较,前者的下列数据是后者的 4 倍的是(　　)。

    A. 电子数　　　　　　　　　　B. 最外层电子数

    C. 电子层数　　　　　　　　　D. 次外层电子数

7. 原子序数从 3～10 的元素,随着核电荷数的递增而逐渐增大的是(　　)。

    A. 电子层数　　　B. 电子数　　　C. 原子半径　　　D. 化合价

8. 元素 X 原子的最外层有 3 个电子,元素 Y 原子的最外层有 6 个电子,这两种元素形成的化合物的化学式可能是(　　)。

A. XY_2　　　　B. X_2Y_3　　　　C. X_3Y_2　　　　D. XY_2

三、A、B、C 三种元素分属三个不同的周期,原子序数之和为 20,A、B 两元素的化合价相同,B 的离子和 C 的离子核外电子排布相同。试推断 A、B、C 各是哪种元素?

§5.3　元素周期表

5.3.1　元素周期表

1869 年,俄国化学家门捷列夫将元素按照相对原子质量由小到大依次排列,并将化学性质相似的元素放在一个纵行,制出了第一张元素周期表,揭示了化学元素间的内在联系,使其构成了一个完整的体系,成为化学发展史上的重要里程碑之一。

随着化学科学的不断发展,元素周期表中为未知元素留下的空位先后被填满,周期表的形式也变得更加完美。当原子结构的奥秘被发现以后,元素周期表中元素的排序依据由相对原子质量改为原子的核电荷数,周期表也逐渐演变成我们今天常用的这种形式。

按照元素在周期表中的顺序给元素编号,得到原子序数。在发现原子的组成及结构之后,人们发现,原子序数与元素的原子结构之间存在着如下关系:

原子序数=核电荷数=质子数=核外电子数

根据元素周期律,把电子层数目相同的各种元素,按原子序数递增的顺序从左到右排成横行,再把不同横行中最外层的电子数相同的元素,按电子层数递增的顺序由上而下排成纵行,这样就可以得到一个表,这个表就叫做元素周期表。元素周期表是元素周期律的具体表现形式,它反映了元素之间相互联系的规律,是我们学习化学的重要工具。下面我们来学习元素周期表的有关知识。

5.3.2　元素周期表的结构

1. 周期

元素周期表有 7 个横行。具有相同的电子层数的元素按照原子序数递增的顺序排列的一个横行称为一个周期,因此,元素周期表就有 7 个周期。周期的序数就是该周期元素具有的电子层数。第一周期最短,只有两种元素,第二、三周期各有 8 种元素,称为短周期,其他周期均为长周期。除第 1 周期只包括氢和氦、第 7 周期尚未填满外,每一周期的元素都是从最外层电子数为 1 的碱金属开始,逐渐过渡到最外层电子数为 7 的卤素,最后以最外层电子数为 8 的稀有气体元素结束。

2. 族

周期表有 18 个纵行。除第 8、9、10 三个纵行叫做第Ⅷ族元素外,其余 15 个纵行,每个纵行标作一族。族又有主族和副族之分。由短周期元素和长周期元素共同构成的族,叫做主族;完全由长周期元素构成的族,叫做副族。主族元素在族序数(习惯用罗马数字表示)后标一个 A 字,如ⅠA、ⅡA……;副族元素在族序数后标一个 B 字,如ⅠB、ⅡB……。稀有气体元素的化学性质非常不活泼,在通常状况下难以与其他物质发生化学反应,把它们的化合价定为 0,因而叫做 0 族。

在周期表中有些族的元素还有一些特别的名称。例如:

第ⅠA 族(除氢):碱金属元素

第ⅦA 族:卤族元素

0 族:稀有气体元素

5.3.3 元素的性质和原子结构的关系

1. 原子结构与元素的金属性和非金属性

在同一周期中,各元素的原子核外电子层数虽然相同,但从左到右,核电荷数依次增多,原子半径逐渐减小,失电子能力逐渐减弱,得电子能力逐渐增强。因此,金属性逐渐减弱,非金属性逐渐增强。从同周期元素化学性质变化情况的研究可以证实,这个结论是正确的。

元素金属性的强弱,可以从元素的单质跟水(或酸)反应置换出氢的难易程度、元素最高价氧化物的水化物(氧化物间接或直接跟水生成的化合物)——氢氧化物的碱性强弱来判断。如果元素的单质跟水(或酸)反应置换出氢容易,而且它的氢氧化物碱性强,这种元素金属性就强,反之则弱。

元素非金属性的强弱,可以从元素氧化物的水化物的酸性强弱、或从跟氢气生成气态氢化物的难易程度以及氢化物的稳定性来判断。如果元素的氧化物的水化物的酸性强,或者它跟氢气生成气态氢化物容易且稳定,这种元素的非金属性就强,反之则弱。

下面按照这个标准,研究第三周期元素的金属性、非金属性的变化情况。

第 11 号元素是钠。我们知道,钠是一种非常活泼的金属,能与冷水迅速发生反应,置换出水中的氢。钠的氧化物的水化物——氢氧化钠显强碱性。

第 12 号元素镁,它的单质与水反应的情况怎样呢?

【实验 5-1】取两段镁带,用砂纸擦去表面的氧化膜,放入试管中。向试管中加 3mL 水,并往水中滴 2 滴无色酚酞试液(如图 5-6)。观察现象。然后,加热试管至水沸腾。观察现象。

实验表明,镁与冷水反应很微弱,说明镁不易与冷水反应,但能跟沸水迅速地反应并产生气泡。反应后的生成物使无色酚酞试液变红。这个反应的化学方程式为:

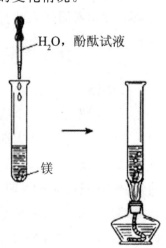

图 5-6　镁与水反应

$$Mg + 2H_2O \xrightarrow{\triangle} Mg(OH)_2 + H_2 \uparrow$$

镁能从水中置换出氢,说明它是一种活泼金属。但从镁与冷水反应比较困难,以及反应所生成的氢氧化镁的碱性比氢氧化钠弱的事实来看,表明镁的金属性不如钠强。

我们再来研究第 13 号元素铝。

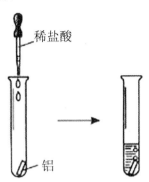

图 5-7　铝镁与盐酸的反应

〖实验 5-2〗(如图 5-7)取一小片铝和一小段镁带,用砂纸擦去表面的氧化膜,分别放入两支试管,再各加入 2mL1mol/L 盐酸。观察发生的现象。

通过实验观察到镁带迅速溶解,有气泡冒出;铝片溶解,有气泡冒出。

这两个反应的化学方程式为:

$$Mg + 2HCl = MgCl_2 + H_2 \uparrow$$

$$2Al + 6HCl = 2AlCl_3 + 3H_2 \uparrow$$

实验表明铝的金属性不如镁强。

表 5-2　钠、镁、铝的性质比较

性质	Na	Mg	Al
单质与水(或酸)的反应情况	与冷水剧烈反应放出氢气	与冷水反应缓慢,与沸水反应迅速,放出氢气,与酸剧烈反应放出氢气	与酸迅速反应放出氢气
最高价氧化物对应水化物的碱性强弱	NaOH 强碱	$Mg(OH)_2$ 中强碱	$Al(OH)_3$ 两性氢氧化物

通过以上实验和表 5-2,可以推断出钠、镁、铝的金属性逐渐减弱。

表 5-3　硅、磷、硫、氯的性质比较

性质	Si	P	S	Cl
非金属单质与氢气反应的条件	高温	磷蒸气与氢气能反应	加温	光照或点燃时发生爆炸而化合
最高价氧化物对应水化物的酸性强弱	H_4SiO_4 弱酸	H_3PO_4 中强酸	H_2SO_4 强酸	$HClO_4$ 最强酸

通过以上对第三周期元素性质的比较,我们可以得出的结论:

$$\xrightarrow{\text{Na Mg Al Si P S Cl}}$$
金属性逐渐减弱，非金属性逐渐增强

在同一主族的元素中，由于从上到下电子层数依次增多，原子半径逐渐增大，失电子能力逐渐增强，得电子能力逐渐减弱，所以，元素的金属性逐渐增强，非金属性逐渐减弱，这可以从碱金属和卤素性质的递变中得到证明。

我们还可以在周期表中对金属元素和非金属元素进行分区（图 5-8）。沿着周期表中硼、硅、砷、碲、砹跟铝、锗、锑、钋之间画一条虚线，虚线的左面是金属元素，右面是非金属元素。周期表的左下方是金属性最强的元素，右上方是非金属性最强的元素。最右一个纵行是稀有气体元素。由于元素的金属性和非金属性之间没有严格的界线，因此，位于分界线附近的元素，既能表现出一定的金属性，又能表现出一定的非金属性。

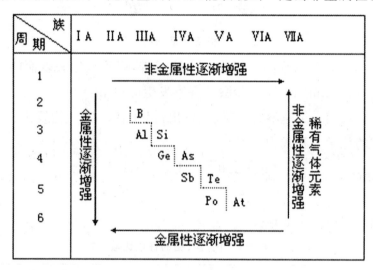

图 5-8　元素金属性和非金属性

思考与交流

元素周期表中什么元素的金属性最强？什么元素的非金属性最强？它们分别位于元素周期表中的什么位置？

2. 元素的原子结构与化合价

（1）主族元素的最高正化合价等于它所处的族序数。这是因为族序数与最外层电子（即价电子）数相同。

（2）非金属元素的最高正化合价，等于原子所能失去或偏移的最外层上的电子数；而它的最低负化合价，则等于使原子最外层达到 8 个电子稳定结构所需要得到的电子数。因此，非金属元素的最高正化合价和它的最低负化合价的绝对值之和等于 8。

科学视野

人 造 元 素

元素周期表都是从氢开始的，所以把 H 的原子序数定为 1，已成为不需更改的事实。

那么,元素周期表中的元素种类是否有限呢? 理论物理学家对此已有多种估计,而对于崇尚实验的实验物理学家和化学家来说,从未放弃过人造元素的努力。

人造元素的关键是用某种元素的原子核作为"炮弹"来轰击另一种元素的原子核,当它的能量足以"击穿"原子核的"坚壳"并熔合成新核时,质子数改变,新元素也就产生了。质子数的改变严格地遵从加法规则,如用硼(原子序数为5)轰击锎(原子序数为98),得到103 号元素铹(1961 年)。元素周期表成了核物理学家手中的一张十分特殊的加法表。不过,实现核反应远非做加法那么轻而易举,要有昂贵的特殊实验装置(如回旋加速器)和高超的实验技术。设想与实际之间的差别如此之大,正是事物的两个方面,也正是科学引人入胜之处。

习题 §5.3

一、填空题

1. 元素周期表中共有_____个横行,即_____个周期。

2. 元素周期表中共有_____个纵行,_____个族。族又有_____和_____之分,主族元素在族序数后标一个_____字,副族元素在族序数后标一个_____字。

3. 同一周期的元素,从左到右,原子半径逐渐_____;失电子能力逐渐_____,得电子能力逐渐_____;金属性逐渐_____,非金属性逐渐_____。

4. 同一主族元素,从上到下原子半径逐渐_____;失电子能力逐渐_____,得电子能力逐渐_____;金属性逐渐_____,非金属性逐渐_____。

5. 主族元素的最高正化合价一般等于其_____序数,非金属元素的负化合价等于_____。

6. 填表

原子结构示意图	(+11) 2 8 1	(+16) 2 8 6	(+7) 2 5	(+17) 2 8 7
周期				
族				
元素名称和符号				
最高正化合价				
最高价氧化物的化学式				
最高价氧化物对应的水化物的化学式及酸碱性				

7. A、B、C、D 都是短周期元素。A 元素的原子核外有两个电子层,最外层已达到饱和。B 元素位于 A 元素的下一周期,最外层的电子数是 A 元素最外层电子数的 1/2。C 元素的离子带有两个单位正电荷,它的核外电子排布与 A 元素原子相同。D 元素与 C 元素属同一周期,D 元素原子的最外层电子数比 A 的最外层电子数少 1。

根据上述事实判断:A＿＿＿＿,B＿＿＿＿,C＿＿＿＿,D＿＿＿＿。

B 元素位于＿＿＿＿周期＿＿＿＿族,它的最高价氧化物的化学式是＿＿＿＿,最高价氧化物的水化物是一种＿＿＿＿酸。

8. 用元素符号回答原子序数 1～18 号元素的有关问题:

(1) 除稀有气体外,原子半径最小的元素是＿＿＿＿;

(2) 最高价氧化物的水化物碱性最强的元素是＿＿＿＿;

(3) 最高正价与最低负价代数和等于 4 的元素是＿＿＿＿;

(4) 能形成气态氢化物且最稳定的元素是＿＿＿＿。

二、选择题

1. 19 世纪中叶,门捷列夫的突出贡献是(　　　)。

　　A. 提出了原子学说　　　　　　　　　　B. 提出了分子学说

　　C. 发现了元素周期律　　　　　　　　　D. 发现质量守恒定律

2. 下列关于物质性质变化的比较,不正确的是(　　　)。

　　A. 酸性强弱:HI＞HBr＞HCl＞HF　　　B. 原子半径大小:Na＞S＞O

　　C. 碱性强弱:KOH＞NaOH＞LiOH　　　D. 非金属性强弱:F＞Cl＞I

3. 下列氢氧化物中,碱性最强的是(　　　)。

　　A. $Ca(OH)_2$　　　　B. NaOH　　　　C. KOH　　　　D. $Al(OH)_3$

4. 碱金属元素具有相似的化学性质,是由于它们的原子具有相同的(　　　)。

　　A. 原子半径　　　　B. 电子层数　　　　C. 核外电子数　　　D. 最外层电子数

5. 下列说法中,正确的是(　　　)。

　　A. 元素周期表中有 8 个主族

　　B. 稀有气体元素原子的最外层电子数均为 8 个

　　C. 碳元素位于第二周期 ⅣA 族

　　D. ⅠA 族全是金属元素

6. 某元素的最外层有 2 个电子,该元素(　　　)。

　　A. 一定是金属元素　　　　　　　　　　B. 一定是 He

　　C. 一定是 ⅡA 族元素　　　　　　　　　D. 无法确定属于哪类元素

7. 元素的原子结构决定其性质和在周期表中的位置。下列说法正确的是(　　　)。

　　A. 元素原子的最外层电子数等于元素的最高化合价

　　B. 多电子原子中,在离核较近的区域内运动的电子能量较高

　　C. P、S、Cl 得电子能力和最高价氧化物对应的水化物的酸性均依次增强

　　D. 元素周期表中位于金属和非金属分界线附近的元素属于过渡元素

8. 下列元素中,不属于第三周期的是(　　)。

  A. 氮　　　　　　　B. 硅　　　　　　C. 镁　　　　　D. 铝

9. X、Y、Z 是同周期的三种元素,已知其最高价氧化物对应的水化物的酸性由强到弱的顺序是:$HXO_4 > H_2YO_4 > H_3ZO_4$。则下列说法正确的是(　　)。

  A. 原子半径:X>Y>Z　　　　　　　B. 元素的非金属性:X>Y>Z

  C. 气态氢化物稳定性:X<Y<Z　　　D. 原子序数:X<Y<Z

10. 下列元素中,不属于同一周期的是(　　)。

  A. 氢　　　　　　　B. 硫　　　　　　C. 钠　　　　　D. 氯

11. 某元素气态氢化物的化学式为 H_2X,则此元素最高价氧化物对应水化物的化学式应是(　　)。

  A. H_2XO_3　　　　·B. H_2XO_4　　　　C. H_3XO_4　　　D. H_6XO_6

12. 可用来判断金属性强弱的依据是(　　)。

  A. 原子电子层数的多少

  B. 最外层电子数的多少

  C. 最高价氧化物的水化物的碱性强弱

  D. 等物质的量的金属置换氢气的多少

13. 下列叙述中正确的是(　　)。

  A. 除零族元素外,短周期元素的最高化合价在数值上都等于该元素所属的族序数

  B. 除短周期外,其他周期均有 18 个元素

  C. 副族元素中没有非金属元素

  D. 碱金属元素是指 IA 族的所有元素

14. A、B 两种元素可形成 AB_2 型化合物,它们的原子序数是(　　)。

  A. 3 和 9　　　　　　　　　　　B. 6 和 8

  C. 10 和 14　　　　　　　　　　D. 17 和 12

15. 在短周期元素中,若某元素原子的最外层电子数与其电子层数相等,则符合条件的元素种数为(　　)。

  A. 1　　　　　　B. 2　　　　　　C. 3　　　　　D. 4

三、简答题

1. 比较下列各组中的两种元素,哪一种元素表现出更强的金属性或非金属性。

(1) Na、K　　　　　　　　　　　(2) B、Al

(3) P、Cl　　　　　　　　　　　(4) O、S

(5) S、Cl

2. 根据元素在周期表中的位置,判断下列各组化合物的水溶液,哪种酸性较强? 哪种碱性较强?

(1) H_3PO_4 和 HNO_3

（2）$Ca(OH)_2$ 和 $Mg(OH)_2$

（3）$Al(OH)_3$ 和 $Mg(OH)_2$

3．已知元素 A、B、C、D 的原子序数分别为 6、8、11、13，回答：

（1）它们各是什么元素？

（2）不看周期表，你如何来推断它们各位于哪一周期，哪一族？

（3）写出单质 A 与 B、B 与 C、B 与 D 反应的化学方程式。

§5.4　化　学　键

从元素周期表我们可以看出，到目前为止，已经发现的元素只有一百多种。然而，由这一百多种元素的原子组成的物质却以数千万计。那么，元素的原子通过什么作用形成如此丰富多彩的物质呢？

5.4.1　离子键

【实验 5-3】取一块绿豆大的金属钠（切去氧化层），用滤纸吸净煤油，放在石棉网上，用酒精灯微热。待钠熔成球状时，将盛有氯气的集气瓶迅速倒扣在钠的上方（如图 5-9）。观察现象。

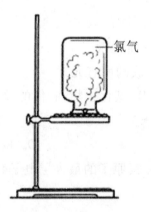

——氯气

图 5-9　钠与氯气反应

钠在氯气中剧烈燃烧，发出黄色火焰，产生白烟。化学方程式如下所示：

$$2Na + Cl_2 \xrightarrow{\text{点燃}} 2NaCl$$

在学习了原子结构的有关知识以后，我们来分析一下氯化钠的形成过程。

根据钠原子和氯原子的核外电子排布，钠原子要达到 8 电子的稳定结构，就需要失去 1 个电子；而氯原子要达到 8 电子稳定结构则需要获得 1 个电子。钠与氯气反应时，钠原子的最外电子层上的 1 个电子转移到氯原子的最外电子层上，形成带正电的钠离子和带负电的氯离子。带相反电荷的钠离子和氯离子，通过静电作用结合在一起，从而形成与单质钠和氯气性质完全不同的氯化钠。人们把这种带相反电荷离子之间的相互作用称为离子键。

　　像氯化钠这样含有离子键的化合物叫做离子化合物。例如，KCl、$MgCl_2$、$CaCl_2$、$ZnSO_4$、$NaOH$ 等都是离子化合物。通常，活泼金属（如钾、钠、钙、镁等）与活泼非金属（如氯、溴等）形成离子化合物。

　　由于在化学反应中，一般是原子的最外层电子发生变化，所以，为了简便起见，我们可以在元素符号周围用小黑点（或×）来表示原子的最外层电子。这种式子叫做电子式，下面举出几个常见原子的电子式：

$$H\cdot \qquad :\overset{..}{\underset{..}{Cl}}| \qquad \cdot\overset{..}{\underset{..}{O}}\cdot \qquad Na\cdot \qquad \cdot Mg\cdot \qquad \cdot Ca\cdot$$

氢原子　氯原子　氧原子　钠原子　镁原子　钙原子

离子化合物氯化钠的形成过程，也可以用电子式表示如下：

$$Na\overset{\curvearrowright}{\times}\ +\ \cdot\overset{..}{\underset{..}{Cl}}: \longrightarrow Na^+[\overset{..}{\underset{..}{\overset{\times}{Cl}}}:]^-$$

溴化镁形成过程，也可以用电子式表示如下：

$$:\overset{..}{\underset{..}{Br}}\cdot\ +\ \times Mg\times\ +\ \cdot\overset{..}{\underset{..}{Br}}: \longrightarrow [:\overset{..}{\underset{..}{\overset{\times}{Br}}}]^- Mg^{2+}[\overset{..}{\underset{..}{\overset{\times}{Br}}}:]^-$$

5.4.2　共价键

 思考与交流

　　分析 H 和 Cl 的原子结构，你认为 H_2、Cl_2、HCl 的形成与氯化钠会是一样的吗？

　　当由同一种非金属原子，或性质相近的两种非金属原子结合成分子时，由于它们的原子核对电子的吸引力相等或相近，电子就不可能从一个原子转移到另一个原子。实际上，这一类分子是通过共价键来形成的。

　　共价键是一种重要类型的化学键。现在以几种单质和化合物为例来说明共价键的形成和性质。

　　首先，我们来学习氢原子是怎样结合成氢分子的。在通常状况下，当一个氢原子和另一个氢原子接近时，就相互作用而生成氢分子。

$$H + H =\!\!=\!\!= H_2$$

　　在形成氢分子的过程中，由于两个氢原子吸引电子的能力相等，电子不是从一个氢原子转移到另一个氢原子，而是在两个氢原子间共用，形成共用电子对。这两个共用的电子在两个原子核周围运动。因此，每个氢原子具有氦原子的稳定结构。

　　氢分子的生成可以用电子式表示为：

$$H\cdot + \cdot H \longrightarrow H:H$$

　　在化学上常用一根短线表示一对共用电子，因此，氢分子又可以表示为 H—H。

　　像氢分子这样，原子间通过共用电子对所形成的相互作用，叫做共价键。不同种非金属元素化合时，它们的原子之间也形成共价键。如 HCl 分子的形成过程如图 5-10 所示。

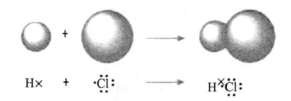

图 5-10　氢原子和氯原子通过共价键形成氯化氢分子

 思考与交流

你能用电子式表示 Cl_2 分子、H_2O 分子的形成过程吗？

　　在单质分子中,同种原子形成共价键,两个原子吸引电子的能力相同,共用电子对不偏向任何一个原子,成键的原子因此而不显电性。这样的共价键叫做非极性共价键,简称非极性键。例如,H—H 键、Cl—Cl 键都是非极性键。

　　在化合物分子中,不同种原子形成共价键时,因为不同原子吸引电子的能力不同,共用电子对必然偏向吸引电子能力强的原子一方,因而吸引电子能力较强的原子一方相应地显负电性,吸引电子能力较弱的原子一方相应地显正电性。也就是说,在这样的分子中共用电子对的电荷是非对称分布的。人们把这样的共价键叫做极性共价键,简称极性键。例如,在 HCl 分子里,Cl 原子吸引电子的能力比 H 原子强,共用电子对的电荷偏向 Cl 原子一端,使 Cl 原子一端相对地显负电性,H 原子一端相对地显正电性,因此,H 原子和 Cl 原子之间的共价键是极性键。由共价键形成的化合物叫做共价化合物。

 思考与交流

离子化合物与共价化合物有什么区别？

　　通过学习有关离子键和共价键的知识,我们知道,离子键使离子结合形成离子化合物分子(如 NaCl);共价键使原子结合形成共价化合物分子(如 HCl)。人们把这种使离子相结合或原子相结合的作用力通称为化学键。

　　我们可用化学键的观点来概略地分析化学反应的过程,如分析 H_2 分子与 Cl_2 分子作用生成 HCl 分子的反应过程。反应的第一步是 H_2 分子和 Cl_2 分子中原子之间的化学键发生断裂(旧键断裂),生成了 H 原子和 Cl 原子;反应的第二步是 H 原子和 Cl 原子相互结合,形成了 H、Cl 之间的化学键 H—Cl(新键形成)。分析其他化学反应,可以得出过程类似的结论。因此,我们可以认为,一个化学反应的过程,本质上就是旧化学键断裂和新化学键形成的过程。

科学视野

键　能

在化学反应中,从反应物转变为生成物,经历了旧化学键的断裂和新化学键形成的过程。在破坏旧化学键时,需要一定的能量来克服原子间的相互作用;在形成新化学键时,一般要释放能量,这可以从 Cl_2 与 H_2 反应生成 HCl 的实验中得到证明(如图 5-11)。

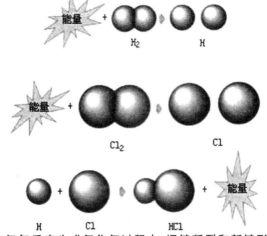

图 5-11　氯气与氢气反应生成氯化氢过程中,旧键断裂和新键形成时的能量变化

实验测得,拆开 1molH—H 键,需要 436kJ 的能量,拆开 1molCl—Cl 键,需要 243kJ 的能量。这些能量就是 H—H 键、Cl—Cl 键的键能。显然,键能越大,表示化学键越牢固。

表 5-4　某些共价键的键能

键	键能/kJ·mol^{-1}	键	键能/kJ·mol^{-1}
H—H	436	C—H	413
Cl—Cl	243	O—H	463
Br—Br	193	N—N	391
I—I	151	H—Cl	431
C—C	346	H—I	299

习题 §5.4

一、选择题

1. 下列各数值表示有关元素的原子序数,其所表示的各原子组中能以离子键相互结合成稳定化合物的是(　　)。

　　A. 10 与 19　　　　B. 6 与 16　　　　C. 11 与 17　　　　D. 14 与 8

2. 下列物质中,只含有非极性共价键的是(　　)。

　　A. NaOH　　　　　B. NaCl　　　　　C. H_2　　　　　D. H_2S

3. 下列物质中,既有离子键,又有共价键的是(　　)。

　　A. H_2O　　　　　B. $CaCl_2$　　　　　C. KOH　　　　　D. Cl_2

4. 下列叙述中正确的是（　　）。

　　A. 化学键只存在于分子之间

　　B. 化学键只存在于离子之间

　　C. 化学键是相邻的两个或多个原子之间强烈的相互作用

　　D. 极性键不是化学键

5. 下列物质中,有极性共价键的是（　　）。

　　A. 单质碘　　　　B. 氯化镁　　　　C. 溴化钾　　　　D. 水

6. 下列说法中不正确的是（　　）。

　　A. 在共价化合物中一定不含有离子键

　　B. 非金属之间形成的化学键一定是共价键

　　C. 含有共价键的化合物不一定是共价化合物

　　D. 含有离子键的化合物一定是离子化合物

7. 下列各组化合物中,化学键类型完全相同的是（　　）。

　　A. $CaCl_2$ 和 Na_2S　　　　　　　B. Na_2O 和 Na_2O_2

　　C. CO_2 和 CaO　　　　　　　　D. HCl 和 NaOH

8. 下列物质中属于离子化合物的是（　　）。

　　A. 苛性钠　　　B. 碘化氢　　　C. 硫酸　　　D. 醋酸

9. 下列各组数字均为元素原子序数,其中能形成 XY_2 型共价化合物的是（　　）。

　　A. 3 与 8　　　　B. 1 与 16　　　　C. 12 与 17　　　　D. 6 与 8

二、用电子式表示下列物质的形成过程

1. $MgCl_2$

2. Br_2

三、写出下列物质的电子式

(1) KCl　(2) $MgCl_2$　(3) Cl_2　(4) N_2　(5) H_2O　(6) CH_4

四、简答题

1. 共价键和离子键有什么不同? 请你举例说明。

2. 稀有气体为什么不能形成双原子分子?

3. 根据下列提供的一组物质回答问题：HCl、CO_2、H_2O、H_2、NaOH、Cl_2、NaF、CH_4、$MgCl_2$、CaO。

　　(1) 这些物质中分别存在哪些类型的化学键?

　　(2) 哪些物质属于离子化合物? 哪些物质属于共价化合物?

归纳与整理

一、原子结构

$$原子\ {}_{Z}^{A}X\begin{cases}原子核\begin{cases}质子\quad Z\ 个\\ 中子\quad (A-Z)个\end{cases}\\ 核外电子\quad Z\ 个\end{cases}$$

原子序数＝核电荷数＝质子数＝核外电子数

1. 原子核

质量数(A)＝质子数(Z)＋中子数(N)

同位素：把具有相同核电荷数（即质子数）不同中子数的同种元素的不同原子互称为同位素。

2. 原子核外电子排布

根据电子的能量差别和通常运动的区域离核的远近不同，核外电子处于不同的电子层。核外电子总是尽先排布在能量最低的电子层里，然后由里往外，依次排布在能量逐步升高的电子层里。

二、元素周期律和元素周期表

1. 元素周期表是元素周期律的具体表现形式

周期表的周期数：_____

主族：第_____族到第_____族

0 族：也称_____元素

2. 周期表与原子结构的关系

周期序数＝电子层数

主族序数＝最外层电子数＝元素最高正化合价数

非金属元素的最高正化合价和它的负化合价的绝对值之和等于_____。

3. 元素的金属性和非金属性与元素在周期表中位置的关系

在同一周期的元素中，从左到右元素的金属性逐渐_____，非金属性逐渐_____。

在同一主族的元素中，从上到下元素的金属性逐渐_____，非金属性逐渐_____。

4. 元素周期律

元素的性质随着原子序数的递增呈周期性的变化。

三、化学键

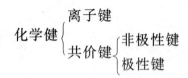

一、填空题

1. 同周期元素，从左到右元素单质的氧化性逐渐_____，还原性逐渐_____，最高价氧化物对应水化物的酸性逐渐_____，碱性逐渐_____；同主族元素，从上到下，元素单质的氧化性逐渐_____，还原性逐渐_____；非金属的气态氢化物的稳定性逐渐_____。

2. X、Y、Z、T、V 为 5 种短周期元素，X、Y、Z 在周期表中位置如图所示，

X	
Y	Z

这三种元素原子序数之和是 41，X 和 T 在不同条件下反应，可以生成化合物 T_2X（白色固体）和 T_2X_2（淡黄色固体）两种化合物。V 单质在 Z 单质中燃烧产生苍白色火焰，产物溶于水能使石蕊试液变红。则：

(1) 5 种元素的元素符号分别是：X_____；Y_____；Z_____；T_____；V_____。

(2) Y 的原子结构示意图是_____。

(3) T、X 生成化合物 T_2X 与 T_2X_2 的化学方程式为_____。

3. 从 Na 到 Cl，原子半径最大的金属元素是_____，原子半径最小的非金属元素是_____。

4. 周期表与原子结构的关系：元素的周期序数等于_____，主族序数等于_____。原子序数与元素的原子结构之间存在的关系：原子序数 = _____ = _____ = _____。

二、选择题

1. 为纪念编制了第一个元素周期表的俄国化学家门捷列夫，人们把第 101 号元素（人工合成元素）命名为钔。该元素最稳定的一种原子可以表示为 $^{258}_{101}Md$，该原子所含中子的数目为（　　）。

　　A. 56　　　　　　B. 157　　　　　　C. 258　　　　　　D. 101

2. 短周期中有 X、Y、Z 三种元素，Z 可分别与 X、Y 组成化合物 XZ_2、ZY_2，这三种元素原子的核外电子数之和为 30，每个 XZ_2 分子的核外电子总数为 38，由此可推知 X、Y、Z 依次为（　　）。

A. Na、F、O　　　　B. N、O、P　　　　C. C、F、O　　　　D. C、O、S

3. 下列说法错误的是(　　)。

　　A. 形成离子键的阴阳离子间不只存在静电吸引力

　　B. HF、HCl、HBr、HI 的热稳定性从左到右减弱,还原性增强

　　C. 元素周期律是元素原子核外电子排布周期性变化的结果

　　D. 第三周期非金属元素含氧酸的酸性从左到右依次增强

4. 下列说法不正确的是(　　)。

　　A. ^{18}O 和 ^{19}F 具有相同的中子数　　　　B. ^{16}O 和 ^{17}O 具有相同的电子数

　　C. ^{12}C 和 ^{13}C 具有相同的质量数　　　　D. ^{15}N 和 ^{14}N 具有相同的质子数

5. 某元素的原子,最外层上的电子数比它的次外层上电子数多 4,该元素一定是(　　)。

　　A. 卤素　　　　　　　　　　　　　B. 第三周期元素

　　C. 第二周期元素　　　　　　　　　D. 第ⅡA族元素

6. 判断下列元素中不属于主族元素的是(　　)。

　　A. 磷　　　　　　B. 钙　　　　　　C. 铁　　　　　　D. 碘

7. 下列物质中,只含有非极性共价键的是(　　)。

　　A. NaOH　　　　　B. NaCl　　　　　C. Cl_2　　　　　D. H_2S

8. 放射性同位素钬 $^{166}_{67}Ho$ 的原子核内的中子数与核外电子数之差是(　　)。

　　A. 32　　　　　　B. 67　　　　　　C. 99　　　　　　D. 166

9. 惯用语 F、Cl、Br、I 性质的比较,不正确的是(　　)。

　　A. 它们的原子核外电子层数随核电荷数的增加而增多

　　B. 被其他卤素单质从其卤化物中置换出来的可能性随核电荷数的增加而增大

　　C. 它们的氢化物的稳定性随核电荷数的增加而增加

　　D. 单质的颜色随核电荷数的增加而加深

10. 卤族元素的氢化物最稳定的是(　　)。

　　A. HF　　　　　　B. HCl　　　　　C. HBr　　　　　D. HI

11. 硒是人体必需的微量元素,下列关于 $^{78}_{34}Se$ 和 $^{80}_{34}Se$ 的说法正确的是(　　)。

　　A. $^{78}_{34}Se$ 和 $^{80}_{34}Se$ 互为同位素

　　B. $^{78}_{34}Se$ 和 $^{80}_{34}Se$ 都含有 34 个中子

　　C. $^{78}_{34}Se$ 和 $^{80}_{34}Se$ 分别含有 44 和 46 个质子

　　D. $^{78}_{34}Se$ 和 $^{80}_{34}Se$ 含有不同的电子数

12. 下列关于铷 Rb 的叙述正确的是(　　)。

　　A. 它位于周期表的第四周期,第ⅠA 族

　　B. 氢氧化铷是弱碱

　　C. 在钠、钾、铷 3 种单质中,铷的熔点最高

　　D. 硝酸铷是化合物

13. 下列实验中,不能观察到明显变化的是(　　　)。

　　A. 把一段打磨过的镁带放入少量冷水中

　　B. 把 Cl_2 通入 $FeCl_2$ 溶液中

　　C. 把绿豆大的钾投入到水中

　　D. 把溴水滴加到 KI 淀粉溶液中

14. 雷雨天气闪电时空气中有臭氧 O_3 生成,下列说法正确的是(　　　)。

　　A. O_2 和 O_3 互为同位素

　　B. O_2 和 O_3 的相互转化是物理变化

　　C. 在相同的温度和压强下,等体积的 O_2 和 O_3 含有相同的分子数

　　D. 等物质的量的 O_2 和 O_3 含有相同的质子数

15. 根据元素周期表和元素周期律分析下面的推断,其中错误的是(　　　)。

　　A. 铍的原子失电子能力比镁弱

　　B. At 的氢化物不稳定

　　C. 硒化氢比硫化氢稳定

　　D. 氢氧化锶比氢氧化钙的碱性强

16. 下列物质中不属于离子化合物的是(　　　)。

　　A. HCl　　　　　　B. NaCl　　　　　　C. $MgCl_2$　　　　　　D. NaOH

三、判断正误题(对的画√,错的画×)

1. 互为同位素的原子质子数相同而中子数不同。　　　　　　　　　　　　(　　)

2. 零族元素最外层的电子数为0。　　　　　　　　　　　　　　　　　　(　　)

3. H 属于碱金属元素。　　　　　　　　　　　　　　　　　　　　　　(　　)

4. 元素周期表中有 7 个周期,18 个族。　　　　　　　　　　　　　　　(　　)

5. O 比 S 的非金属性强。　　　　　　　　　　　　　　　　　　　　　(　　)

6. 稀有气体的最外层都排有 8 个电子。　　　　　　　　　　　　　　　(　　)

7. 质量数等于质子数等于中子数。　　　　　　　　　　　　　　　　　(　　)

8. 氟单质是紫黑色的固体。　　　　　　　　　　　　　　　　　　　　(　　)

第6章　非金属元素及其化合物

在已经发现的一百多种元素中,除稀有气体外,非金属元素只有十余种,它们大都位于元素周期表的右上部。地壳中含量最多的前两种元素是氧和硅,它们构成了地壳的基本骨架。空气中含量最多的元素是氮和氧,它们是地球生命的重要基础元素之一。人类活动所产生的影响大气质量的气态氧化物主要是非金属氧化物,如 SO_2、NO_2 和 CO 等。本章将讨论几种非金属——硫、氮、硅及其化合物的重要性质,认识它们在生活和生产中的应用,以及与环境的关系。

§6.1　硫

自然界中有游离态硫和化合态硫。游离态硫,存在于火山喷口附近或地壳的岩层里。以化合态存在的硫分布很广,主要是硫化物和硫酸盐,如硫铁矿(FeS_2),黄铜矿,石膏,芒硝和硫酸钡等。煤、石油和某些金属矿物中都含有少量的硫,硫还是某些蛋白质的组成元素。

6.1.1　硫

硫俗称硫黄,是一种黄色晶体,质脆,易研成粉末。硫不溶于水,微溶于酒精,易溶于二硫化碳。硫在空气中燃烧时生成二氧化硫。

$$S + O_2 \xrightarrow{\text{点燃}} SO_2$$

6.1.2　二氧化硫

二氧化硫是一种无色、有刺激性气味的有毒气体。密度比空气的大,容易液化,易溶于水。在常温、常压下,1 体积水大约能溶解 40 体积的二氧化硫。

【实验 6-1】将一支装满 SO_2 的试管倒立在滴有紫色石蕊试液的水槽中(图 6-1)。观察实验现象。

通过实验我们可以观察到,装有 SO_2 的试管倒立在水槽中以后,试管中的水面上升,试管中的液体变成红色。因此,SO_2 溶于水后形成的溶液一定显酸性。事实证明,二氧化硫溶于水后,生成了亚硫酸(H_2SO_3)。H_2SO_3 只能存在于溶液中,它很不稳定,容易分解

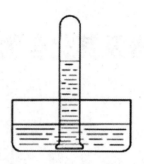

图 6-1　二氧化硫溶于水

成 H_2O 和 SO_2。SO_2 溶于水的反应是一个可逆反应。

$$SO_2 + H_2O \rightleftharpoons H_2SO_3$$

二氧化硫在一定温度和有催化剂存在的条件下,可以反应生成三氧化硫,三氧化硫也是一种酸性氧化物,它溶于水生成硫酸,工业上利用这一原理生产硫酸。

$$2SO_2 + O_2 \xrightarrow[\triangle]{催化剂} 2SO_3$$

$$SO_3 + H_2O \xrightarrow{} H_2SO_4$$

三氧化硫与碱性氧化物或碱反应时生成硫酸盐。

$$SO_3 + CaO \xrightarrow{} CaSO_4$$

$$SO_3 + Ca(OH)_2 \xrightarrow{} CaSO_4 + H_2O$$

【实验 6-2】将 SO_2 气体通入装有品红溶液的试管里。观察品红溶液颜色的变化。给试管加热(图 6-2)。观察溶液发生的变化。

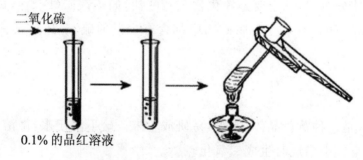

二氧化硫

0.1% 的品红溶液

图 6-2　二氧化硫漂白品红溶液

通过实验我们看到,向品红溶液中通入 SO_2 后,品红溶液的颜色逐渐褪去。当给试管加热时,溶液又变成红色。二氧化硫具有漂白性,它能漂白某些有色物质。工业上常用二氧化硫来漂白纸浆、毛、丝、草帽等。二氧化硫的漂白作用是由于它能与某些有色物质生成不稳定的无色物质。这种无色物质容易分解而使有色物质恢复原来的颜色。因此用二氧化硫漂白过的草帽日久又变成黄色。此外,二氧化硫还用于杀菌、消毒等。

 思考与交流

品红溶液滴入亚硫酸溶液后,为什么会褪色?加热时又显红色说明了什么?

资料卡片

预防硫化氢中毒

某些天然气矿发生井喷时,常由于喷出气体中含有较多的硫化氢,会造成人中毒甚至死亡。

硫化氢是一种无色、有臭鸡蛋气味的气体,有剧毒,是一种大气污染物。某些工业废气中含有硫化氢,如制造和使用硫化染料时都有硫化氢废气逸出;硫化物遇到酸时产生硫化氢。此外,腐败的鱼、肉、蛋,阴沟、粪池中都有硫化氢气体产生。

如发生急性硫化氢中毒,应迅速将患者转移到空气新鲜的地方,对呼吸暂停者实行人工呼吸,并迅速送医院救治。进入窖井池内、窖内等空气不流通处抢救中毒者时,抢救者必须戴供氧式呼吸面具,腰系安全带(或绳子),并有专人监护,以免抢救者自己中毒并耽误抢救中毒者。

6.1.3　硫酸

硫酸是一种无色油状液体,是一种难挥发的强酸,易溶于水,能以任意比与水混溶。浓硫酸溶解时放出大量的热。

浓硫酸除了具有酸的通性以外,还具有一些特殊的性质。如强烈的吸水性、脱水性和氧化性。

1. 浓硫酸的吸水性和脱水性

浓硫酸很容易和水结合成多种水化物,所以它有强烈的吸水性,常被用作气体(不和硫酸起反应的,如氯气、氢气和二氧化碳等)的干燥剂。

【实验 6-3】在三支试管里分别放入少量纸屑、棉花、木屑,再滴入几滴浓硫酸。观察发生的现象。

可以看到,三种物质都发生了碳化,生成黑色的炭。

【实验 6-4】在 200 mL 烧杯中放入 20 g 蔗糖,加入几滴水,搅拌均匀。然后再加入 15mL 质量分数为 98% 的浓硫酸,迅速搅拌后,观察实验现象。

可以看到蔗糖逐渐变黑,体积膨胀,形成疏松多孔的海绵状的炭。

浓硫酸能按水的组成比脱去纸屑、棉花、锯末等有机物中的氢、氧元素,也就是平时说的"脱水",使这些有机物碳化。

浓硫酸对有机物有强烈的腐蚀性,如果皮肤沾上浓硫酸,会引起严重的灼伤。所以,当不慎在皮肤上沾上浓硫酸时,不能先用水冲洗,而要用干布迅速拭去,再用大量水冲洗。

2. 浓硫酸的氧化性

我们知道,稀硫酸与铜、木炭等不起反应,那么浓硫酸遇到这些物质会发生什么变化呢?

【实验 6-5】在一支试管里加入一小块铜片(约 0.1g),然后再加入 3 mL 浓硫酸,用装有玻璃导管的单孔胶塞塞好,加热。放出的气体分别通入蓝色石蕊试液和品红溶液中(图

6-3)。观察反应现象。把试管里的液体倒入废液缸,在盛有固体剩余物质的试管中加入少量水。观察水溶液的颜色。

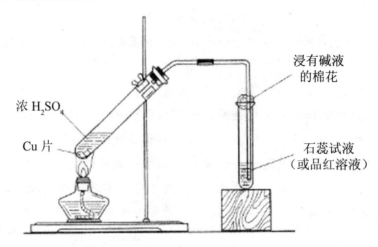

图 6-3 浓硫酸与铜的反应

实验表明,浓硫酸与铜在加热时能发生氧化还原反应,放出的气体能使蓝色石蕊试液变红,并且使品红溶液褪色,因此反应生成的气体是二氧化硫。

浓硫酸与铜反应的化学方程式为:

$$2H_2SO_4(浓) + Cu \xrightarrow{\triangle} CuSO_4 + 2H_2O + SO_2\uparrow$$

在这个反应里,浓硫酸氧化了铜(Cu 从 0 价升高到 +2 价),而本身被还原成二氧化硫(S 从 +6 价降低到 +4 价),因此,浓硫酸是氧化剂,铜是还原剂。

加热时,浓硫酸还能与一些非金属起氧化还原反应。例如,加热盛有浓硫酸和木炭的试管,碳就被氧化成二氧化碳,而硫酸被还原为二氧化硫。

$$2H_2SO_4(浓) + C \xrightarrow{\triangle} CO_2\uparrow + 2H_2O + 2SO_2\uparrow$$

在常温下,浓硫酸跟某些金属,如铁、铝等接触时,能够使金属表面生成一薄层致密的氧化物薄膜,从而阻止内部的金属继续跟硫酸发生反应。因此,冷的浓硫酸可以用铁或铝的容器贮存。

6.1.4 硫酸根离子的检验

【实验 6-6】在三支试管里分别加入少量稀硫酸、Na_2SO_4 溶液和 Na_2CO_3 溶液,然后各滴入几滴 $BaCl_2$ 溶液。观察发生的现象。再加入少量盐酸或稀硝酸,振荡。观察现象。

从实验可见,在稀硫酸、Na_2SO_4 溶液和 Na_2CO_3 溶液中分别加入 $BaCl_2$ 溶液后,都生成有白色的沉淀。反应的离子方程式为:

$$Ba^{2+} + SO_4^{2-} = BaSO_4\downarrow$$
$$Ba^{2+} + CO_3^{2-} = BaCO_3\downarrow$$

分别加入盐酸或稀硝酸后,白色 $BaSO_4$ 沉淀不溶解,而白色的 $BaCO_3$ 沉淀溶解并有气体产生。$BaCO_3$ 和酸反应的离子方程式为:

$$BaCO_3 + 2H^+ \!=\!=\! Ba^{2+} + CO_2 \uparrow + H_2O$$

许多不溶于水的钡盐,如磷酸钡,也和碳酸钡一样,能溶于盐酸或稀硝酸。

可见,用可溶性钡盐溶液和盐酸(或稀硝酸)可以检测 SO_4^{2-} 的存在。

 资料卡片

几种重要的硫酸盐

硫酸盐的种类很多,有的在实际应用上很有价值。在初中化学里已经学过一些重要的硫酸盐,如硫酸铜、硫酸铵等。现在,我们再来认识几种重要的硫酸盐。

1. 硫酸钙($CaSO_4$)

硫酸钙是白色固体。带两个分子结晶水的硫酸钙,叫做石膏($CaSO_4 \cdot 2H_2O$)。石膏在自然界以石膏矿大量存在。给石膏加热到 $150 \sim 170℃$ 时,石膏就失去所含大部分结晶水而变成熟石膏($2CaSO_4 \cdot H_2O$)。熟石膏跟水混合成糊状物后很快凝固,重新变成石膏。人们利用这种性质,通常把石膏用来制造各种模型。医疗上用它来作石膏绷带。水泥厂也要用石膏来调节水泥的凝结时间。

2. 硫酸锌($ZnSO_4$)

带七个分子结晶水的硫酸锌($ZnSO_4 \cdot 7H_2O$),是无色的晶体,俗称皓矾。医疗上用作收敛剂,可使有机体组织收缩,减少腺体的分泌;在铁路施工上用它的溶液来浸渍枕木,是木材的防腐剂;在印染工业上用它能使染料固着于纤维上,是一种媒染剂。硫酸锌又可用于制造白色颜料(锌钡白等)。

3. 硫酸钡($BaSO_4$)

硫酸钡可作白色颜料。天然产的硫酸钡叫做重晶石。重晶石是制造其他钡盐的原料。硫酸钡不溶于水,也不溶于酸。利用这种性质以及不容易被 X 射线透过的性质,医疗上常用硫酸钡作 X 射线透视肠胃的内服药剂,俗称"钡餐"。

 习题 §6.1

一、填空题

1. 常温下,SO_2 是一种_____色、_____味、_____毒的气体,它溶于水后生成_____。在相同条件下,生成的_____又容易分解为_____和_____,这样的反应叫做_____。

2. 在 SO_2 中,硫元素的化合价为_____,在发生化学反应时,SO_2 既可以作为_____,也可以作为_____。

3. 浓硫酸能够用于干燥某些气体,是由于它具有_____性;浓硫酸能使纸片变黑,是由于它具有_____性;浓硫酸可以与铜反应,是由于它具有_____性。

二、选择题

1. 下列物质中,只具有还原性的是(　　　)。

    A. Cl_2 B. Na   C. H_2SO_4 D. SO_2

2. 下列关于 SO_2 的说法中,不正确的是(　　)。

    A. SO_2 是硫及某些含硫化合物在空气中燃烧的产物

    B. SO_2 有漂白作用,也有杀菌作用

    C. SO_2 溶于水后生成 H_2SO_4

    D. SO_2 是一种大气污染物

3. 在下列变化中,不属于化学变化的是(　　)。

    A. SO_2 使品红溶液褪色   B. 氯水使有色布条褪色

    C. 活性炭使红墨水褪色   D. O_3 使某些染料褪色

4. 下列气体中,既能用浓硫酸干燥,又能用氢氧化钠干燥的是(　　)。

    A. CO_2 B. N_2 C. SO_2 D. NH_3

5. 下列反应中,硫元素表现出氧化性的是(　　)。

    A. 稀硫酸与锌粒反应   B. 二氧化硫与氧气反应

    C. 浓硫酸与铜反应   D. 三氧化硫与水反应

6. 下列金属中,可用于制造常温下盛放浓硫酸的容器的是(　　)。

    A. Fe   B. Cu   C. Al   D. Zn

7. 下列关于浓硫酸和稀硫酸的叙述中,正确的是(　　)。

    A. 常温时都能与铁发生反应,放出气体

    B. 加热时都能与铜发生反应

    C. 都能作为气体的干燥剂

    D. 硫元素的化合价都是 $+6$ 价

8. 下列反应中,不能说明 SO_2 是酸性氧化物的是(　　)。

    A. $SO_2 + H_2O \rightleftharpoons H_2SO_3$

    B. $SO_2 + 2NaOH = Na_2SO_3 + H_2O$

    C. $2SO_2 + O_2 \rightleftharpoons 2SO_3$

    D. $SO_2 + CaO = CaSO_3$

9. 既能使石蕊试液变红,又能使品红试液变为无色的物质是(　　)。

    A. NH_3 B. HCl   C. SO_2 D. CO_2

10. 香烟烟雾中往往含有 CO 和 SO_2 气体,下列关于这两种气体的说法正确的是(　　)。

    A. 两者都易溶于水   B. 两者都污染环境,危害健康

    C. 两者都能使品红溶液褪色   D. 两者都是形成酸雨的主要原因

11. 下列四种有色溶液与 SO_2 作用,均能褪色。其实质相同的是(　　)。

    ① 品红溶液   ② 酸性 $KMnO_4$ 溶液

    ③ 溴水   ④ 滴有酚酞的 NaOH 溶液

    A. ①④   B. ①②③   C. ②③   D. ②④

12. 下列物质敞口放置或暴露于空气中,质量增加的是(　　)。

　　A. 浓盐酸　　　　B. 浓硫酸　　　　C. 浓硝酸　　　　　　D. 硅酸

13. 实验室盛装浓硫酸的试剂瓶应贴有的安全使用标识是(　　)。

　　　　　A　　　　　　　　　B　　　　　　　　C　　　　　　　　D

三、简答题

1. 怎样鉴别硫酸钡和碳酸钡?写出有关反应的化学方程式。

2. 上网查询我国酸雨的分布、影响、危害和采取了哪些防治措施等信息,以增进对酸雨现状的了解。

§6.2　氮

氮是一种重要的非金属元素,它以双原子分子形式存在于大气中,约占空气总体积的78%。氮还以化合物形式存在于硝酸盐、土壤、蛋白质和某些矿石中。工业上所用的氮气,通常是以空气为原料,将空气液化后,利用液态空气中氮的沸点比液态氧低而加以分离制取的。

6.2.1　氮气

1. 氮气的物理性质

纯净的氮气是一种无色、无味的气体,密度比空气的稍小。氮气在水中的溶解度很小,通常状况下,1 体积水中只能溶解大约 0.02 体积的氮气。在压强为 101kPa 时,氮气在 $-195.8\,℃$ 时变成无色液体,在 $-209.9\,℃$ 时变成雪花状固体。

2. 氮气的化学性质

氮分子是由两个氮原子共用三对电子结合而成的,氮分子中有 3 个共价键。其电子式和结构式分别为:$:N:::N:$ 和 $N\equiv N$。

由于氮分子中的 $N\equiv N$ 键很牢固,使氮分子的结构很稳定。在通常状况下,氮气的化学性质不活泼,很难与其他物质发生化学反应。但是,在一定条件下,如高温、高压、放电等,氮分子获得了足够的能量,使共价键断裂,也能跟氢、氧、金属等物质发生化学反应。

(1)氮气与氢气的反应

在高温、高压和有催化剂存在的条件下,N_2 与 H_2 可以直接化合,生成氨(NH_3),并放出热量。

$$N_2 + 3H_2 \underset{\text{高温、高压}}{\overset{\text{催化剂}}{\rightleftharpoons}} 2NH_3$$

这是一个可逆反应。工业上就是利用这个反应来合成氨的。

（2）氮气与氧气的反应

我们知道,空气的主要成分是 N_2 和 O_2,在通常状况下,它们不起反应。但是,在放电条件下,N_2 和 O_2 却可以直接化合,生成无色、不溶于水的一氧化氮（NO）气体。

$$N_2 + O_2 \xrightarrow{\text{放电}} 2NO$$

在雷雨天气,大气中常有 NO 气体产生。在常温下,NO 很容易与空气中的 O_2 化合,生成红棕色、有刺激性气味的二氧化氮（NO_2）气体。

$$2NO + O_2 =\!=\!= 2NO_2$$

NO_2 有毒,易溶于水生成 HNO_3 和 NO。工业上利用这一反应制取硝酸。

$$3NO_2 + H_2O =\!=\!= 2HNO_3 + NO$$

（3）氮气与某些金属的反应

在高温时,氮气能与镁、钙等金属化合生成氮化物。如：

$$3Mg + N_2 \xrightarrow{\text{高温}} Mg_3N_2$$

3. 氮气的用途

氮气是合成氨和制造硝酸的重要原料。由于它的化学性质很稳定,常用作保护气。例如,焊接金属时用氮气保护金属使其不被氧化;在灯泡中填充氮气以防止钨丝被氧化或挥发;粮食、罐头、水果等食品,也常用氮气作保护气,以防止食品腐烂。液氮冷冻技术也有广泛应用。如在医学上,常用液氮作冷冻剂,在冷冻麻醉条件下做手术等;在高科技领域中,某些超导材料就是在液氮处理下才获得超导性能的。

6.2.2　氨和铵盐

1. 氨

（1）氨的物理性质

氨是无色、有刺激性气味的气体,比空气轻,在标准状况下,其密度是 $0.771g/L$。

氨很容易液化,在常压下冷却至 $-33.5℃$,气态氨就液化成无色液体,同时放出大量热。液态氨汽化时要吸收大量的热,使周围温度急剧降低,因此,氨常用作致冷剂。

（2）氨的化学性质

① 氨与水的反应

【实验6-7】在干燥的圆底烧瓶里充满氨气,用带有玻璃管和滴管（滴管里预先吸入水）的塞子塞紧瓶口。立即倒置烧瓶,使玻璃管插入盛有水的烧杯里（水里事先加入少量酚酞试液）,按图 6-4 安装好装置。打开橡皮管上的夹子,挤压滴管的胶头,使少量水进入烧瓶。观察现象。

可以看到,烧杯里的水由玻璃管进入烧瓶,形成喷泉(见图 6-4),烧瓶内液体呈红色。

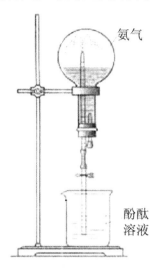

图 6-4　氨易溶于水

 思考与交流

为什么烧瓶内会形成喷泉?

从上面的实验可以看出,氨极易溶于水。经实验测定,在常温、常压下,1 体积水中约能溶解 700 体积氨。

氨的水溶液叫做氨水。氨溶于水时,大部分 NH_3 与 H_2O 结合,形成一水合氨($NH_3 \cdot H_2O$)。$NH_3 \cdot H_2O$ 可以部分电离成 NH_4^+ 和 OH^-,所以氨水显弱碱性。氨溶于水的过程中存在着下列可逆反应:

$$NH_3 + H_2O \rightleftharpoons NH_3 \cdot H_2O \rightleftharpoons NH_4^+ + OH^-$$

$NH_3 \cdot H_2O$ 不稳定,受热时分解为 NH_3 与 H_2O。

$$NH_3 \cdot H_2O \stackrel{\triangle}{=\!=\!=} NH_3 + H_2O$$

② 氨与酸的反应

【实验 6-8】取两根玻璃棒,分别蘸有浓氨水和浓盐酸,使两根玻璃棒靠近,观察发生的现象(见图 6-5)。

图 6-5　氨与氯化氢的反应

可以看到,当两根玻璃棒接近时,产生大量的白烟。这种白烟是氨水挥发出的 NH_3 与盐酸挥发出的 HCl 化合生成的微小的 NH_4Cl 晶体。

$$NH_3 + HCl =\!=\!= NH_4Cl$$

氨同样能与其他酸化合生成铵盐。

③ 氨与氧气的反应

在催化剂(如铂、氧化铁等)存在的条件下,氨与氧气发生如下的反应:

$$4NH_3 + 5O_2 \xrightarrow[\triangle]{\text{催化剂}} 4NO + 6H_2O$$

这个反应叫做氨的催化氧化(或叫接触氧化),是工业上制硝酸的基础。

(3) 氨的实验室制法

在实验室,常用加热铵盐和碱的混合物的方法来制取氨。例如,固体 NH_4Cl 和 $Ca(OH)_2$ 混合后加热,就可得到氨。

$$2NH_4Cl + Ca(OH)_2 \xrightarrow{\triangle} CaCl_2 + 2NH_3\uparrow + 2H_2O$$

【实验6-9】大试管中放入固体 NH_4Cl 和 $Ca(OH)_2$ 的混合物,加热。由于氨易溶于水,常用干燥的试管收集氨(见图6-6)。把湿润的红色石蕊试纸放在试管口,观察试纸颜色的变化。

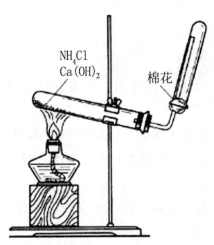

图 6-6　氨的实验室制取

实验室中要制取干燥的氨,通常使制得的氨通过碱石灰,以吸收其中的水蒸气。

 思考与交流

能否用浓硫酸作干燥剂除去氨中的水蒸气? 为什么?

(4) 氨的用途

氨是一种重要的化工产品。它不仅是氮肥工业的基础,同时又是制造硝酸、铵盐、纯碱等的重要原料。在有机合成工业(如合成纤维、塑料、染料、医药等)中,氨也是一种常用的原料。

2. 铵盐

氨与酸作用可生成铵盐。铵盐是由铵离子(NH_4^+)和酸根离子组成的化合物。铵盐都是晶体,能溶解于水。铵盐的化学性质如下:

(1) 铵盐受热分解

【实验 6-10】在试管中加入少量 NH_4Cl 晶体，加热，观察发生的现象。

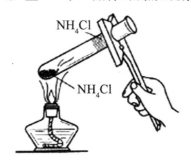

图 6-7　氯化铵受热分解

受热时，氯化铵分解生成 NH_3 和 HCl，冷却时，它们又重新结合生成 NH_4Cl。

$$NH_4Cl \xrightarrow{\triangle} NH_3\uparrow + HCl\uparrow$$

$$NH_3 + HCl = NH_4Cl$$

NH_4HCO_3 受热时也会分解，生成 NH_3、H_2O 和 CO_2。

$$NH_4HCO_3 \xrightarrow{\triangle} NH_3\uparrow + H_2O + CO_2\uparrow$$

（2）铵盐与碱的反应

铵盐能跟碱起反应放出氨气。例如：

$$(NH_4)_2SO_4 + 2NaOH \xrightarrow{\triangle} Na_2SO_4 + 2NH_3\uparrow + 2H_2O$$

$$NH_4NO_3 + NaOH \xrightarrow{\triangle} NaNO_3 + NH_3\uparrow + H_2O$$

事实证明，铵盐与碱共热都能产生 NH_3，这是铵盐的共同性质。实验室里就利用这样的反应来制取氨气，同时也可以利用这个性质检验铵离子的存在。

铵盐在工农业生产上有着重要的用途。大量的铵盐用作氮肥。硝酸铵还用来制炸药。氯化铵常用作印染和制干电池的原料，它也用在金属的焊接上，以除去金属表面上的氧化物薄层。

 思考与交流

氨气、液氨、氨水、铵离子有什么区别？在氨水里存在哪些分子和离子？

 科学视野

自然界中氮的循环

氮是蛋白质的重要组成成分，动、植物生长都需要吸收含氮的养料。空气中虽然含有大量的氮气，但不能被多数生物直接吸收，多数生物只能吸收含氮的化合物。因此，需要把空气中的氮气转变成氮的化合物，才能作为动植物的养料。这种将游离态氮转变为化合态氮的方法，叫做氮的固定。在自然界，大豆、蚕豆等豆科植物的根部都有根瘤菌，能把空气中的氮气变成含氮化合物，所以，种植这些植物时不需施用或只需施用少量氮肥。另外，放电条件下氮气与氧气化合以及工业上合成氨等也属于氮的固定。

在自然界,通过氮的固定,使大气中游离态的氮转变为化合态的氮进入土壤,植物从土壤中吸收含氮化合物制造蛋白质,动物则靠食用植物以得到蛋白质;动物的尸体残骸和排泄物以及植物的腐败物等再在土壤中被细菌分解,变为含氮化合物,部分被植物吸收;而土壤中的硝酸盐也会被细菌分解而转化成氮气,氮气可再回到大气中。这一过程保证了氮在自然界的循环(见下图)。

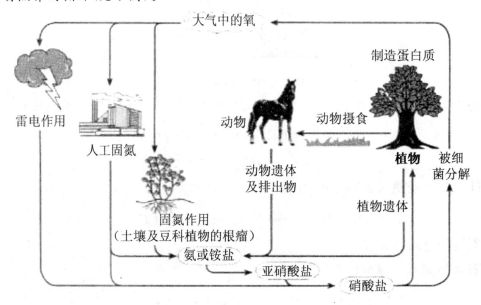

图 6-8　自然界中氮的循环

6.2.3　硝酸

1. 硝酸的物理性质

纯硝酸是无色、易挥发、有刺激性气味的液体,密度为 $1.5027g/cm^3$,沸点 83℃,凝固点 $-42℃$。它能以任意比溶解于水。常用的浓硝酸的质量分数大约是 69%。

2. 硝酸的化学性质

硝酸是一种强酸。它除了具有酸的通性以外,还具有它本身的特性。

(1) 硝酸的不稳定性

硝酸不稳定,很容易分解。纯净的硝酸或浓硝酸在常温下见光或受热就会分解。硝酸越浓,就越容易分解。

$$4HNO_3 \xrightarrow{\triangle \text{或光照}} 2H_2O + 4NO_2 \uparrow + O_2 \uparrow$$

我们有时在实验室看到的浓硝酸呈黄色,就是由于硝酸分解产生的 NO_2 溶于硝酸的缘故。为了防止硝酸分解,在储存时,应该把它盛放在棕色瓶里,并放置在黑暗且温度低的地方。

(2) 硝酸的氧化性

硝酸是一种很强的氧化剂。无论稀硝酸或浓硝酸都有氧化性,几乎能跟所有的金属(除金、铂等少数金属外)或非金属发生氧化还原反应。

【实验 6-11】在两支试管中各放入一小块铜片,分别加入少量浓硝酸和稀硝酸,观察发生的现象。

可以看到,浓硝酸和稀硝酸都能与铜起反应,浓硝酸与铜的反应剧烈,有红棕色的气体产生;后者反应较缓慢,有无色气体产生,在试管口变成红棕色。以上反应的化学方程式分别为:

$$Cu + 4HNO_3(浓) == Cu(NO_3)_2 + 2NO_2\uparrow + 2H_2O$$
$$3Cu + 8HNO_3(稀) == 3Cu(NO_3)_2 + 2NO\uparrow + 4H_2O$$

值得注意的是,有些金属如铝、铁等在冷的浓硝酸中会发生钝化现象。这是因为浓硝酸把它们的表面氧化成一层薄而致密的氧化膜,阻止了反应的进一步进行。所以,常温下可以用铝槽车装运浓硝酸。

硝酸还能与许多非金属及某些有机物发生氧化还原反应。例如,硝酸能与碳反应:

$$4HNO_3 + C == 2H_2O + 4NO_2\uparrow + CO_2\uparrow$$

浓硝酸和浓盐酸的混合物(体积比为 1∶3)叫做王水,它的氧化能力更强,能使一些不溶于硝酸的金属如金、铂等溶解。

硝酸是一种重要的化工原料,可用于制造炸药、染料、塑料、硝酸盐等;在实验室里,它是一种重要的化学试剂。

 资料卡片

亚 硝 酸 钠

亚硝酸钠($NaNO_2$)是无色或浅黄色的晶体,有咸味,外观类似于食盐。亚硝酸钠是一种工业用盐,常用于印染、漂白等行业,还广泛用作防锈剂,是建筑业常用的一种混凝土掺加剂。

亚硝酸钠有毒,人如果食用含有亚硝酸钠的食物,会出现嘴唇、指甲、皮肤发紫,头晕、呕吐、腹泻等症状,严重时可使人死亡。由于亚硝酸钠的外观类似食盐,要严防把它误当食盐食用。腐烂的蔬菜等也含有亚硝酸钠,不能食用。

此外,亚硝酸盐类对人还有致癌作用,应引起足够的重视。

 科学视野

玻尔保护诺贝尔金质奖章

玻尔是丹麦物理学家、诺贝尔奖章获得者。第二次世界大战期间,由于德军即将占领丹麦,玻尔被迫要离开自己的祖国。他坚信以后一定能返回祖国,决定把心爱的诺贝尔奖章留下。为了不使奖章落入德军手中,他把奖章溶解在一种溶液中,并存放在瓶子里。丹麦被德军占领后,纳粹分子闯进玻尔家中,连奖章的影子也没发现。战后,玻尔从溶液中提取出金,又重新铸成了奖章。

玻尔是用什么溶液使金质奖章溶解的呢?这种溶液就是王水。王水的氧化性比硝酸还强,可以使金溶解。这位伟大的科学家不仅用他的知识和智慧保住了奖章,还用他那蔑

视敌人、热爱祖国的精神,鼓舞着后人。

6.2.4　二氧化硫和二氧化氮对大气的污染

煤、石油和某些金属矿物中含硫或硫的化合物,因此燃烧或冶炼时,往往会生成二氧化硫。在机动车内燃机中燃料燃烧产生的高温条件下,空气中的氮气往往也参与反应,这也是汽车尾气中含有氮氧化物的原因。

二氧化硫和二氧化氮是主要的大气污染物。它们对人体的直接危害是引起呼吸道疾病,严重时还会使人死亡。空气中的二氧化硫和二氧化氮溶于水后形成酸性溶液随雨水降下,就可能成为酸雨。正常雨水的 pH 约为 5.6(这是由于溶解了二氧化碳的缘故),酸雨的 pH 小于 4.5。

酸雨有很大的危害,它落到地面,能直接破坏森林、草原和农作物,使土壤酸性增强。酸雨还会使湖泊酸化,造成鱼类等死亡。另外,酸雨还会加速建筑物、桥梁、工业设备,以及电信电缆等所用的许多材料的腐蚀。

汽车尾气中除含有氮氧化物外,还含有一氧化碳、未燃烧的碳氢化合物、含铅化合物(如使用含铅汽油)和颗粒物等,严重污染大气。近些年我国城市汽车发展迅速,由汽车尾气造成的大气污染也日趋严重,汽车尾气的排放标准成为人们关心的热点话题之一。

国家环保总局宣布从 2007 年 7 月 1 日起,全国机动车的尾气排放标准实施相当于欧Ⅲ和欧Ⅳ标准的汽车尾气排放中国标准。这一标准的尾气污染物排放限值比我国之前执行的第Ⅱ阶段标准尾气污染物排放限值降低了 30%,随着技术的进步,这一标准还将继续提高。

二氧化硫和二氧化氮都是有用的化工原料,但当它们分散在大气中时,就成了难以处理的污染物。因此,工业废气排放到大气中以前,必须回收处理,防止二氧化硫、二氧化氮污染大气,并充分利用原料。

　实践活动

测定雨水的 pH

1. 下雨时用容器直接收集一些雨水作为试样,静置,以蒸馏水或自来水作为参照,观察并比较它们的外观。

2. 用 pH 试纸(或 pH 计)测雨水和蒸馏水的酸度并记录。

3. 有条件的话,可连续取样并测定一段时间(如一周)内本地雨水、地表水和自来水的 pH 值。将得到的 pH 值列表或作图,确定你所在地区雨水的平均酸度。

4. 若是酸雨,请分析本地区酸雨产生的原因,并提出减轻酸雨危害的建议。

　科学视野

生活中常见的污染物和防止污染

一提起污染,人们常常想到的是滚滚的浓烟,污浊的臭水,肮脏的垃圾,而发生在人们

日常生活中的一些污染却很容易被忽视。

一、居室环境的污染和防止污染

居室环境与人体健康息息相关,控制和消除居室污染,合理安排居室,使居室净化和美化,对于人体健康至关重要。

居室环境污染主要指的是空气污染,它主要是由做饭、取暖、吸烟等引起的。由于居室容积有限,即使污染源的排放量很小,也可以使居室中有害物质浓度急剧增大,以致达到有损人体健康的程度。

做饭时引起的空气污染是不容忽视的。厨房空气里既有燃料燃烧时释放的二氧化碳、一氧化碳、二氧化硫等气体,又有煎炒食物时食油受热挥发出的气体和悬浮颗粒物等。现在,很多家庭在厨房中安装了排油烟机,这对减少厨房和居室中的空气污染大有好处。

除了做饭造成的污染以外,有些居民家中冬季用煤炉或炭火取暖也是造成居室中空气污染的重要原因之一。煤燃烧时放出大量二氧化碳、一氧化碳、二氧化硫等有害气体,如果通风条件差,室内的有害气体就会对人体造成危害,如煤气中毒等。因此,用煤炉取暖时,一定要安装烟囱和风斗,以确保室内空气流通。

吸烟是居室环境的另一个污染源。烟草里的尼古丁是有毒物质,一支烟里含有的尼古丁可以毒死一只老鼠。烟草中还含有苯并芘(一种有机物)、亚硝胺等致癌物及酚、甲醛等有害物质。青少年处于生长发育阶段,对有害物质比成年人更容易吸收,并影响身体健康。因而,我国卫生部门等制定的《关于宣传吸烟有害与控制吸烟的通知》中规定,中学生不准吸烟。近年来,我国很多城市禁止在公共场所吸烟。这是一项有利于改善室内环境,保障人民健康的有力措施。

随着科学技术的发展,许多科技新产品进入了家庭,这使得居室更加舒适、生活更加丰富多彩。值得注意的是,一些现代化的生活用品或设施对环境也会有一定程度的影响。例如,家具、地毯、壁纸、合成洗涤剂、印刷品、塑料制品等都可以散发出有害气体。当通风条件不好时,这些有害物质就会在室内积累,造成室内空气污染。电视机、电冰箱、家用电脑等电器发出的射线和声波也会造成室内污染。

防止室内空气污染要从两个方面入手,一是控制污染源,减少污染物排放;二是经常通风换气,保持室内空气新鲜。

二、病从口入——食品污染

人们常说:"病从口入"。这句话很有道理。食品污染对人体健康有极大的危害。

食品污染是危害人体健康的大问题,除了个人要注意饮食卫生、加强自我保护意识外,还需要食品生产者从种植、养殖、加工、储存、运输等各个环节保证食品的卫生。这样,才能最大限度地减少食品的污染。

习题 § 6.2

一、填空题：

1. 液态氨在汽化时_____大量的热,利用这一性质,常用液氨作_____。

2. 检验 NH_3 是否已充满试管的方法是_____,观察到的现象是_____。

3. 氨水呈弱碱性是因为_____。

4. 分别将盛有浓盐酸、浓硫酸、浓硝酸的烧杯露置于空气中,放置一段时间后,质量增大的是_____,原因是_____;质量减小的是,原因是_____。

5. 常温下,浓硝酸见光或受热能_____,化学方程式为_____,所以它应盛放_____瓶中,储存在_____而且_____的地方。

6. 主要的大气污染物是_____和_____。

二、选择题

1. 下列气体中,不会造成空气污染的是(　　)。

　　A. N_2　　　　　　B. NO　　　　　　C. NO_2　　　　　　D. CO

2. 下列气体中,不能用排空气法收集的是(　　)。

　　A. CO_2　　　　　　B. H_2　　　　　　C. NO_2　　　　　　D. NO

3. 下列关于氮的叙述中不正确的是(　　)。

　　A. 氮分子为非极性分子

　　B. 氮气的性质活泼,在常温下能与 H_2、O_2 等非金属反应

　　C. 液氮可作冷冻剂

　　D. 氮有多种化合价

4. 在 NO_2 与水的反应中,NO_2(　　)。

　　A. 只是氧化剂　　　　　　　　　　B. 只是还原剂

　　C. 既是氧化剂,又是还原剂　　　　D. 既不是氧化剂,又不是还原剂

5. 实验室制取下列气体时,与实验室制氨气的发生装置相同的是(　　)。

　　A. H_2　　　　　　B. O_2　　　　　　C. Cl_2　　　　　　D. CO_2

6. 通常状况下能共存,且能用浓硫酸干燥的一组气体是(　　)。

　　A. H_2、O_2、N_2　　　　　　　　　B. O_2、NO、NO_2

　　C. H_2、N_2、NH_3　　　　　　　　　D. NH_3、HCl、NO_2

7. 常温下能用铝制容器盛放的是(　　)。

　　A. 浓盐酸　　　　B. 浓硝酸　　　　C. 稀硝酸　　　　D. 稀硫酸

8. 硝酸应避光保存是因为它具有(　　)。

　　A. 强酸性　　　　B. 强氧化性　　　　C. 挥发性　　　　D. 不稳定性

9. 加热下列各物质,发生氧化还原反应的是(　　)。

　　A. NH_4Cl　　　　　　B. NH_4HCO_3　　　　　C. 浓盐酸　　　　　　D. 浓硝酸

10. 下列关于硝酸的叙述正确的是(　　)。

　　A. 稀硝酸是弱酸,浓硝酸是强酸

　　B. 铜与浓硝酸和稀硝酸都能反应生成二氧化氮

　　C. 浓硝酸和稀硝酸都是强氧化剂

　　D. 稀硝酸与活泼金属反应主要放出氢气,而浓硝酸则使金属钝化

11. 下列物质中,氮元素的化合价最低的是(　　)。

　　A. N_2　　　　　　　　B. NH_3　　　　　　　C. NO　　　　　　　　D. NO_2

12. 按物质的组成进行分类,HNO_3 应属于(　　)。

　　① 酸　② 氧化物　③ 含氧酸　④ 一元酸　⑤ 化合物

　　A. ①②③④⑤　　　B. ①③⑤　　　　　C. ①②③⑤　　　　　D. ①③④⑤

13. 在下列氮的单质和化合物中,遇到 HCl 会产生白烟的是(　　);与氢氧化钙加热发生反应产生刺激性气体的是(　　)。

　　A. 氮气　　　　　　　B. 氨气　　　　　　　C. 硝酸钠　　　　　　D. 氯化铵

14. 酸雨形成的主要原因是(　　)。

　　A. 汽车排出大量尾气　　　　　　　B. 自然界中硫化物分解

　　C. 工业上大量燃烧含硫燃料　　　　D. 可燃冰燃烧

15. 下述做法能改善空气质量的是(　　)。

　　A. 以煤等燃料作为主要生活燃料

　　B. 鼓励私人购买和使用汽车代替公交车

　　C. 利用太阳能、风能和氢能等能源替代化石能源

　　D. 限制使用电动车

16. 下列气体中,会对大气造成污染的是(　　)。

　　A. O_2　　　　　　　　B. N_2　　　　　　　　C. SO_2　　　　　　　D. CO_2

17. 下列做法中,不会造成大气污染的是(　　)。

　　A. 燃烧含硫的煤　　　　　　　　　B. 焚烧树叶秸秆

　　C. 燃烧 H_2　　　　　　　　　　　D. 燃放烟花爆竹

18. 下列做法中,不能妥善解决环境污染问题的是(　　)。

　　A. 把污染严重的企业迁到农村

　　B. 回收、处理废气、废水、废渣等,减少污染物排放

　　C. 采用新工艺,减少污染物排放

　　D. 人人都重视环境问题,设法减少污染物

三、解答题

1. 写出下列变化的化学方程式,如果是氧化还原反应,请标出电子转移的方向和数目。

$$N_2 \rightarrow NH_3 \rightarrow NO \rightarrow NO_2 \rightarrow HNO_3$$

2. 三支试管中分别盛有稀硝酸、稀硫酸、稀盐酸,怎样用实验方法鉴别它们?

3. 把铜片放到下列各种酸里,有什么现象发生?写出有关反应的化学方程式,对不能起反应的说明理由。

(1)稀盐酸　(2)浓硫酸　(3)稀硫酸　(4)浓硝酸　(5)稀硝酸

§6.3　硅

硅在地壳中的含量为 26.3%,仅次于氧。在自然界中,不存在游离态的硅,它主要以二氧化硅和各种硅酸盐的形式存在。常见的沙子、玛瑙、水晶等的主要成分都是二氧化硅。硅也是构成矿物和岩石的主要元素。

6.3.1　硅单质

虽然硅的化合物随处可见,而且远古时期人类就已经开始加工玛瑙、水晶和使用陶瓷,但硅的单质直到 18 世纪上半叶才由化学家制备出来。

在元素周期表中,硅位于第三周期,第ⅣA族,因此硅的性质不活泼。与碳类似,单质硅也有晶体和无定形两种。晶体硅呈灰黑色、有金属光泽、硬而脆。晶体硅的结构与金刚石晶体的结构相似,都是网状的正四面体结构,所以硅的硬度较大,熔点和沸点都较高。无定形硅是一种灰黑色的粉末。

硅在元素周期表中处于金属与非金属的过渡位置。晶体硅的导电性介于导体和绝缘体之间,是良好的半导体材料。正是由于晶体硅的这一性质以及制备它的原料极其丰富,从 20 世纪中叶开始,硅成了信息技术的关键材料(半导体材料中硅占了 95% 以上)。硅芯片的使用,使计算机的体积已缩小到笔记本一样大小了,而在 1945 年出现的世界上第一台用电子管装配而成的计算机,占地面积为 $170m^2$。以硅芯片为心脏的移动电话也得到了广泛的应用。

硅是人类将太阳能转换为电能的常用材料。利用高纯度单质硅的半导体性能,可以制成光电池,将光能(如太阳能)直接转换为电能。光电池可以用作计算器、人造卫星、登月车、火星探测器、太阳能电动汽车等的动力,是极有发展前景的新型能源。

6.3.2　二氧化硅

1. 物理性质

二氧化硅(SiO_2)是一种坚硬难熔的固体,俗称硅石。它同其他矿物构成了多种岩石,广泛存在于自然界里。

天然的二氧化硅分为晶体和无定形两大类。比较纯净的晶体叫做石英。无色透明的纯石英叫水晶,含有微量杂质的水晶,通常有不同的颜色,依颜色的不同又分为紫水晶、墨晶、玛瑙、碧玉等,普通的沙子是不纯的二氧化硅。

2. 化学性质

二氧化硅的化学性质十分稳定,它一般不与酸起反应,但氢氟酸可侵蚀它,生成四氟化硅气体,反应式为:

$$SiO_2 + 4HF = SiF_4 \uparrow + 2H_2O$$

这个反应就是在玻璃(主要成分是 SiO_2)上雕刻字画的原理。

二氧化硅是一种酸性氧化物,它不溶于水,不能跟水反应而生成相应的硅酸。但它能与碱性氧化物或强碱起反应生成硅酸盐。反应式为:

$$SiO_2 + CaO \xrightarrow{高温} CaSiO_3$$
$$SiO_2 + 2NaOH = Na_2SiO_3 + H_2O$$

 思考与交流

为什么实验室盛装 NaOH 溶液的试剂瓶用橡皮塞而不用玻璃塞?(提示:玻璃中含有 SiO_2)

3. 用途

二氧化硅的用途很广,自然界里比较稀少的水晶可用以制造电子工业中的重要部件、光学仪器,也用来制成高级工艺品和眼镜片等。

目前已被使用的高性能通讯材料光导纤维的主要原料就是二氧化硅。

一般较纯净的石英,可用来制造石英玻璃,我们在实验室中使用的一些耐高温的化学仪器,就是用石英玻璃制成的。利用石英制造的石英电子表、石英钟等也非常受人们的喜爱。

6.3.3　硅酸

硅酸是一种很弱的酸(酸性比碳酸还弱),溶解度很小。由于 SiO_2 不溶于水,所以硅酸是通过可溶性硅酸盐与其他酸反应制得的。所生成的 H_2SiO_3 逐渐聚合成胶状溶液——硅酸凝胶,硅酸浓度较大时,则形成软而透明的、胶冻状的硅酸凝胶。硅酸凝胶经干燥脱水后得到多孔的硅酸干凝胶,称为"硅胶"。硅胶多孔,吸附水分能力强,常用作实验室和袋装食品、瓶装药品等的干燥剂,也可以用作催化剂的载体。

【实验 6-12】在试管中加入 3～5mL Na_2SiO_3 溶液(饱和 Na_2SiO_3 溶液按 1∶2 或 1∶3 的体积比用水稀释),滴入 1～2 滴酚酞溶液,再用胶头滴管逐滴加入稀盐酸,边加边振荡,至溶液红色变浅并接近消失时停止,静置。仔细观察变化过程及其现象。

现象	
结论	
化学方程式	$Na_2SiO_3 + 2HCl == H_2SiO_3(胶体) + 2NaCl$

6.3.4　硅酸盐

　　硅酸盐是由硅、氧和金属组成的化合物的总称,在自然界分布极广。硅酸盐是一大类结构复杂的固态物质,大多不溶于水,化学性质很稳定。

　　最简单的硅酸盐是硅酸钠(Na_2SiO_3),可溶于水,其水溶液俗称水玻璃,是制备硅胶和木材防火剂等的原料。

　　从古到今,人类创造性地生产出了几大类硅酸盐产品——陶瓷、玻璃、水泥等,它们是使用量最大的无机非金属材料。

　　陶瓷在我国有悠久的历史。在新石器时代,我们的祖先就能制造陶器,到唐宋时期,制造水平已经很高。唐朝的"三彩"、宋朝的"钧瓷"闻名于世,流传至今。作为陶瓷的故乡,我国陶都宜兴的陶器和瓷都景德镇的瓷器,在世界上都享有盛誉。它们都是以黏土为原料,经高温烧结而成的。

　　普通玻璃是以纯碱、石灰石和石英为原料,经混合、粉碎,在玻璃窑中熔融制得的。改变成分或生产工艺,可以制得具有不同用途的玻璃。

　　水泥是在各种建筑工程中广泛使用的建筑材料,以黏土和石灰石为主要原料,经研磨、混合后在水泥回转窑中煅烧,再加入适量石膏,并研成细粉就得到普通水泥。

 资料卡片

硅酸盐组成的表示

　　硅酸盐种类繁多,结构复杂,组成各异,通常用二氧化硅和金属氧化物的组合形式表示其组成。例如:

　　硅酸钠:$Na_2O \cdot SiO_2$

　　石棉:$CaO \cdot 3MgO \cdot 4SiO_2$

　　长石:$K_2O \cdot Al_2O_3 \cdot 6SiO_2$

　　普通玻璃的大致组成:$NaO_2 \cdot CaO \cdot 6SiO_2$

　　水泥的主要成分:$3CaO \cdot SiO_2,2CaO \cdot SiO_2,3CaO \cdot Al_2O_3$

　　黏土的主要成分:$Al_2O_3 \cdot 2SiO_2 \cdot 2H_2O$

 科学视野

水泥的标号

　　水泥在空气中凝固后,具有很强的抗压强度,以 kg/cm^2 来计算。把水泥与沙子以$1:2.5$的比率混合制成砂浆试样,此试样在水中养护28天时所具有的抗压强度数值,被称为水泥的标号。例如,1份水泥与2.5份沙子混合制成的砂浆试样,在水中凝固28天

后,测得其抗压强度为 425kg/cm²,此水泥的标号就为 425。水泥的标号越大,其性能越好。常用的硅酸盐水泥有 325 号、425 号、525 号和 625 号,一些高强度水泥,其标号可达 1000 以上。

此外,化学家还制成了其他一些具有特殊功能的含硅的物质。例如,硅与碳的化合物 (SiC,俗称金刚砂),具有金刚石结构,硬度很大,可用作砂纸、砂轮的磨料;含 4% 硅的硅钢具有很高的导磁性,主要用作变压器铁芯;人工合成的硅橡胶是目前耐高温又耐低温的橡胶,在 −60~250℃ 仍能保持良好的弹性,用于制造火箭、导弹、飞机的零件和绝缘材料;人工制造的分子筛(一种具有均匀微孔结构的铝硅酸盐),主要用作吸附剂和催化剂;等等。

新 型 陶 瓷

近年来,具有特殊功能的陶瓷材料迅速发展,如高温结构陶瓷、压电陶瓷、透明陶瓷和超导陶瓷等,新型陶瓷与传统陶瓷在成分上有了很大变化。

1. 高温结构陶瓷,又称工程陶瓷。这类陶瓷具有耐高温、耐氧化、耐磨蚀等优良性能,与金属材料相比,更能适应严酷的环境。例如,高温结构陶瓷可用于洲际导弹的端头、火箭发动机的尾管及燃烧室等,也是汽车发动机、喷气发动机的理想材料。

2. 压电陶瓷。能实现机械能与电能的相互转化,可用于电波滤波器、通话器、声呐探伤器和点火器等。

3. 透明陶瓷。高纯、无气孔、透明的氧化物陶瓷(如氧化铝)及非氧化物陶瓷(如氟化物)等都属于透明陶瓷。这类陶瓷具有优异的光学性能,耐高温,绝缘性好。可用于制高压钠灯的灯管、防弹汽车的车窗和坦克的观察窗等。

4. 超导陶瓷。世界各国研制的热点之一,前景十分诱人。我国高温超导材料的研究目前处于世界先进水平。

习题 §6.3

一、填空题

1. 晶体硅的熔点_____、硬度_____,是因为它有类似于_____的结构。

2. 根据 Si 和 C 在周期表中的位置可以推知,H_2SiO_3 比 H_2CO_3 的酸性_____。

3. 用地壳中某主要元素生产的多种产品在现代高科技中占有重要位置,足见化学对现代物质文明的重要作用。例如:

(1) 计算机芯片的主要成分是_____。

(2) 光导纤维的主要成分是_____。

(3) 目前应用最多的太阳能电池的光电转化材料是_____。

4. 硅酸的工业制法是:将稀释好的硅酸钠和硫酸反应生成水凝胶,经水洗、干燥得到成品。有关反应的化学方程式是_____。

二、选择题

1. 下列关于 SiO_2 的叙述正确的是（　　）。

    A. SiO_2 是酸性氧化物,不溶于任何酸　　B. SiO_2 是良好的半导体材料

    C. 可将 SiO_2 溶于水制成硅酸　　D. SiO_2 是制造光导纤维的重要材料

2. 下列关于硅的叙述,不正确的是（　　）。

    A. 硅在地壳中的含量排在第二位　　B. 硅在常温下可以与氧气发生反应

    C. 硅可以用作半导体材料　　D. 硅单质的熔沸点很高

3. 光纤通讯是 20 世纪 70 年代后期发展起来的一种新型通讯技术,目前长距离光纤通讯系统已经投入使用。光纤通讯的光导纤维是由下列哪种物质经特殊工艺制成（　　）。

    A. 石墨　　　　B. 二氧化硅　　　　C. 氧化镁　　　　D. 氧化铝

4. 常温下不与二氧化硅反应的物质是（　　）。

    A. 氢氟酸　　B. NaOH 溶液　　C. 浓 H_2SO_4　　D. 氯气

5. 下列试剂不能用带磨口玻璃塞的试剂瓶存放的是（　　）。

    A. 盐酸　　　B. NaCl 溶液　　C. KOH 溶液　　D. $CuSO_4$ 溶液

6. 下列关于硅单质及其化合物的说法正确的是（　　）。

    ① 硅是构成一些岩石和矿物的基本元素

    ② 水泥、玻璃、水晶饰物都是硅酸盐制品

    ③ 高纯度的硅单质广泛用于制作光导纤维

    ④ 陶瓷是人类应用很早的硅酸盐材料

    A. ①②　　　　B. ②③　　　　C. ①④　　　　D. ③④

7. 赏心悦目的雕花玻璃是用下列物质中的一种对玻璃进行刻蚀而制成的。这种物质是（　　）。

    A. 盐酸　　　B. 氢氟酸　　　C. 烧碱　　　D. 纯碱

8. 举世闻名的秦兵马俑制品的主要材料在成分上属于（　　）。

    A. 氧化铝　　B. 二氧化硅　　C. 硅酸盐　　D. 合金

9. 下列物质不能与氢氧化钠溶液反应的是（　　）。

    A. Fe_2O_3　　B. $Al(OH)_3$　　C. $NaHCO_3$　　D. H_2SiO_3

三、解答题

1. 硅晶体有何特性? 主要应用在哪些方面?

2. 用纯净的石英砂与烧碱反应可以制得水玻璃;将纯碱和二氧化硅共熔,也可以制得水玻璃。试写出反应的化学方程式。

3. 从硅的氧化物可以制取硅单质,主要化学反应如下:

粗硅的制取:

$$SiO_2 + 2C \xrightarrow{\text{高温}} Si(\text{粗}) + 2CO \uparrow$$

由粗硅制纯硅(常用方法):

$$\text{Si(粗)} + 2Cl_2 \xrightarrow{\triangle} SiCl_4$$

$$SiCl_4 + 2H_2 \xrightarrow{高温} \text{Si(纯)} + 4HCl$$

根据以上反应,回答下列问题。

(1) 在制取粗硅的反应中,焦炭的作用是什么?

(2) 在由粗硅制纯硅的反应中,氯气(Cl_2)与 Si 的反应属于什么类型的反应?$SiCl_4$ 与 H_2 的反应属于什么类型的反应?H_2 的作用是什么?

(3) 在半导体工业中有这样一句行话:"从沙滩到用户",你是如何理解的?

归纳与整理

一、硫及其重要化合物的性质(填表)

硫的化合物	化学性质	化学方程式(或说明)
二氧化硫	1. 酸性氧化物(1)与水反应	
	(2)与碱反应	
	2. 催化氧化生成三氧化硫	
	3. 二氧化硫的漂白原理	
浓硫酸	1. 吸水性	
	2. 脱水性	
	3. 氧化性	
硫酸根离子的检验	用可溶性钡盐溶液和盐酸(或稀硝酸)可以检测 SO_4^{2-} 的存在	

二、氮

1. 氮气

氮气是具有 N≡N 键的双原子分子,结构稳定,化学性质不活泼,但在一定条件下能跟某些物质反应。

$$N_2 + 3H_2 \underset{高温高压}{\overset{催化剂}{\rightleftharpoons}} 2NH_3$$

$$N_2 + O_2 \xrightarrow{放电} 2NO$$

$$3Mg + N_2 \xrightarrow{高温} Mg_3N_2$$

2. 氮的化合物(填表)

氮的化合物	化学性质	化学方程式（或说明）
氨	1. 易溶于水,氨气呈碱性	
	2. 氨水受热易分解	
	3. 能跟酸反应生成铵盐	
	4. 一定条件下能与氧气反应	
铵盐	1. 受热易分解	
	2. 能跟碱反应生成氨	
硝酸	1. 酸的通性	
	2. 不稳定性:见光或受热易分解	
	3. 氧化性	
	(1) 跟金属发生氧化还原反应	
	(2) 跟非金属发生氧化还原反应	

三、硅

单质及化合物	性质	化学方程式（或说明）	存在、用途
硅	导电性介于导体和绝缘体之间		
二氧化硅	1. 与 HF 反应		
	2. 酸性氧化物		
	(1) 与 CaO 反应		
	(2) 与 NaOH 反应		
硅酸	1. 硅酸是一种很弱的酸（酸性比碳酸还弱）,溶解度很小		
	2. 制取方法		
硅酸盐	1. 硅酸钠,可溶于水,其水溶液俗称水玻璃		
	2. 硅酸盐产品		

复 习 题

一、填空题

1. 把锌粒放入稀硫酸中时,有气体放出。硫酸表现出来的是＿＿＿＿性。

2. 盛有浓硫酸的烧杯敞口放置一段时间后,质量增加。硫酸表现出来的是＿＿＿＿性。

3. 用玻璃棒蘸浓硫酸滴在纸上时,纸变黑。硫酸表现出来的是＿＿＿＿性。

4. 把木炭放入热的浓硫酸中时,有气体放出。硫酸表现出来的是＿＿＿＿性。

5. 在常温下可以用铁、铝制容器盛装冷的浓硫酸。硫酸表现出来的是＿＿＿＿性。

6. 在氮的单质和常见化合物中：

(1) 常用作保护气(填充灯泡,焊接保护等)的物质是＿＿＿＿。原因是＿＿＿＿＿＿＿＿。

（2）常用作制冷剂的物质是_____。原因是_____。

（3）能与酸反应生成盐，在常温下为气态的物质是_____。写出它与 HCl 等强酸反应的离子方程式_____。

（4）通常状况下是晶体、易溶于水、可以作为化肥、遇强碱会放出带刺激性气味气体的一类物质是_____。写出他们与 NaOH 等强碱反应的离子方程式_____。

8．氨水有弱碱性，能使酚酞溶液变_____色。

9．铵盐和碱作用产生_____，利用这一性质可检验_____离子的存在。

10．水玻璃是_____的水溶液。

11．常见的硅酸盐产品有_____、_____、_____等，它们是使用量最大的无机非金属材料。

二、选择题

1．SO_2 可用于工业制硫酸。下列关于 SO_2 的性质描述不正确的是（　　）。

　　A．无色　　　　　　　　　　　B．难溶于水

　　C．密度比空气大　　　　　　　D．有刺激性气味

2．导致下列现象的主要原因与排放 SO_2 有关的是（　　）。

　　A．酸雨　　　　　　　　　　　B．光化学烟雾

　　C．臭氧空洞　　　　　　　　　D．温室效应

3．全社会都在倡导诚信，然而总是有一部分不法商贩却在背道而驰。如有些商贩为了使银耳增白，就用硫磺（燃烧硫磺）对银耳进行熏制，用这种方法制取的洁白的银耳对人体是有害的。这些不法商贩所制取的银耳是利用（　　）。

　　A．S 的漂白性　　　　　　　　B．S 的还原性

　　C．SO_2 的漂白性　　　　　　　D．SO_2 的还原性

4．为了减少大气污染，许多城市推广清洁燃料。目前使用的清洁燃料主要有两类，一类是压缩天然气，另一类是液化石油气，这两类燃料的主要成分都是（　　）。

　　A．碳水化合物　　　B．碳氢化合物　　　　C．氢气　　　D．醇类

5．下列做法不能体现低碳生活的是（　　）。

　　A．减少食物加工过程

　　B．注意节约用电

　　C．尽量购买本地的、当季的食物

　　D．大量使用薪柴为燃料

6．保护环境，就是关爱自己。下列说法中你认为不正确的是（　　）。

　　A．空气质量日报的主要目的是树立人们环保意识，同时也让人们知道了二氧化硫、二氧化氮和可吸入颗粒物是大气主要污染物

　　B．酸雨是指 pH 小于 7 的雨水

　　C．为了减少二氧化硫和二氧化氮的排放，工业废气排放到大气之前必须回收处理

D. 居室污染是来自建筑、装饰和家具材料散发出的甲醛等有害气体

7. 能够用于鉴别 SO_2 和 CO_2 的溶液是（　　）。

    A. 澄清石灰水　　　　　　　　　　　B. 品红溶液

    C. 紫色石蕊溶液　　　　　　　　　　D. $BaCl_2$ 溶液

8. 下列污染都对人类的健康构成巨大威胁，但其中一般不被称作环境污染的是（　　）。

    A. 地下水被污染　　　　　　　　　　B. 医疗用血被污染

    C. 粮食蔬菜被农药污染　　　　　　　D. 室内空气污染

9. "PM2.5"是指大气中直径小于或等于 2.5 微米的颗粒物。它与空气中的 SO_2 接触时，SO_2 会部分转化为 SO_3。则"PM2.5"的颗粒物在酸雨形成过程中主要的作用是下列的（　　）。

    A. 还原作用　　　　　B. 氧化作用　　　　　C. 催化作用　　D. 抑制作用

10. 对酸雨的 pH 描述中最准确的是（　　）。

    A. 小于 7　　　　　　B. 小于 4.5　　　　　C. 在 5.6～7 之间　　　　D. 等于 5.6

11. 下列不属于铵盐所共有的性质是（　　）。

    A. 都是晶体　　　　　　　　　　　　B. 都能溶于水

    C. 常温时易分解　　　　　　　　　　D. 都能跟碱反应放出氨气

12. 能将 NH_4Cl、$(NH_4)_2SO_4$、$NaCl$、Na_2SO_4 四种溶液区别分开的试剂是（　　）。

    A. NaOH 溶液　　　　　　　　　　　B. $AgNO_3$ 溶液

    C. $BaCl_2$ 溶液　　　　　　　　　　　D. $Ba(OH)_2$ 溶液

13. 硝酸的酸酐是（　　）。

    A. NO　　　　　　　B. NO_2　　　　　　C. N_2O_3　　　D. N_2O_5

14. 制取相同质量的硝酸铜时，消耗硝酸质量少的是（　　）。

    A. 铜和浓硝酸反应　　　　　　　　　B. 铜和稀硝酸反应

    C. 氧化铜和硝酸反应　　　　　　　　D. 氢氧化铜和硝酸反应

15. 下列物质中，属于酸性氧化物但不溶于水的是（　　）。

    A. CO_2　　　　　　B. SiO_2　　　　　C. SO_3　　　D. Fe_2O_3

16. 下列气体中，对人体无毒害作用的是（　　）。

    A. 氨气　　　　　　　B. 二氧化氮　　　　C. 氯气　　　D. 氮气

17. 硅胶具有下列哪个性质（　　）。

    A. 防腐剂　　　　　　B. 氧化剂　　　　　C. 还原剂　　　D. 干燥剂

18. 下列关于硅及其化合物的用途，不正确的说法是（　　）。

    A. 硅胶可用作干燥剂

    B. 二氧化硅可用作计算机的芯片

    C. 硅酸钠是制备木材防火剂的原料

    D. 用纯碱、石灰石、石英为原料可制普通玻璃

19. 下列物质与材料对应关系不正确的是(　　　)。

　　A. 晶体硅——光导纤维　　　　　　B. 氧化铝——耐火材料

　　C. 铁碳合金——碳素钢　　　　　　D. 硅酸盐——普通玻璃

三、简答题

1. 简述硫酸根的检测方法。

2. 管道工人曾经用浓氨水检验氯气管道是否漏气。已知能发生如下反应(在有水蒸气存在的条件下)：

$$2NH_3 + 3Cl_2 =\!=\!= 6HCl + N_2$$

如果氯气管道某处漏气,用该方法检查时会出现的现象是什么？写出反应的化学方程式。

附录 I

名词索引

化学式	Chemical formula	蒸发	Evaporation
化合价	Chemical valence	蒸馏	Distillation
质量守恒定律	The law of conservation of mass	物质的量浓度	Concentration for amount of substance
酸	Acid	摩尔	Mole
碱	Alkali	物质的量	The amount of substance
盐	Salt	摩尔质量	The molar mass
单质	Elemental	气体摩尔体积	Molar volume of gas
化合物	Chemical compound	萃取	Extraction
化合反应	Combination reaction	摩尔体积	Molar volume
分解反应	The decomposition reaction	氧化还原反应	Oxidation reduction reaction
置换反应	The replacement reaction	周期	Periodic law of elements
离子反应	Ionic reaction	同位素	Isotope
分散系	Disperse system	元素周期律	Periodic law of elements
分散剂	Dispersant	离子键	Ionic bond
分散质	Dispersion	共价键	Covalent bond
溶液	Solution	非极性键	Non-polar bond
胶体	Colloid	极性键	Polar bond
浊液	Emulsion	化学键	Chemical bond
丁达尔效应	Tyndall effect	硫	Sulphur
电泳	Electrophoresis	二氧化硫	Sulphur dioxide
电解质	Electrolyte	硫酸	Sulphuric acid
离子方程式	Ionic equation	氮气	Nitrogen
原子序数	Atomic number	二氧化氮	Nitrogen dioxide
氧化剂	The oxidizing agent	氨	Ammonia
还原剂	The reducing agents	氨水	Ammonia water
分离	Separation	硝酸	Nitric acid
提纯	Purification	硅	Silicon
过滤	Filter	二氧化硅	Silicon dioxide
复分解反应	Double decomposition reaction	硅酸盐	Silicate
焰色反应	Flame reaction	氯气	Chlorine

附录Ⅱ

相对原子质量

（按照元素符号的字母次序排列）

元素		相对原子质量	元素		相对原子质量	元素		相对原子质量
符号	名称		符号	名称		符号	名称	
Ac	锕	[227]	Ge	锗	72.63(1)	Pu	钚	[244]
Ag	银	107.8682(3)	H	氢	[1.00784；1.00811]	Ra	镭	[226]
Al	铝	26.9815386(8)	He	氦	4.002602(2)	Rb	铷	85.4678(3)
Am	镅	[243]	Hf	铪	178.49(2)	Re	铼	186.207(1)
Ar	氩	39.948(1)	Hg	汞	200.59(2)	Rf	𬬻	[265]
As	砷	74.92160(2)	Ho	钬	164.93032(2)	Rg	𬬭	[280]
At	砹	[210]	Hs	𬭳	[277]	Rh	铑	102.90550(2)
Au	金	196.966569(4)	I	碘	126.90447(3)	Rn	氡	[222]
B	硼	[10.806；10.821]	In	铟	114.818(3)	Ru	钌	101.07(2)
Ba	钡	137.327(7)	Ir	铱	192.217(3)	S	硫	[32.059；32.076]
Be	铍	9.012182(3)	K	钾	39.0983(1)	Sb	锑	121.760(1)
Bh	𬭛	[270]	Kr	氪	83.795(2)	Sc	钪	44.955912(6)
Bi	铋	208.98040(1)	La	镧	138.90547(7)	Se	硒	78.96(3)
Bk	锫	[247]	Li	锂	[6.938；6.997]	Sg	𬭶	[271]
Br	溴	79.904(1)	Lr	铹	[262]	Si	硅	[28.084；28.086]
C	碳	[12.0996；12.0116]	Lu	镥	174.9668(1)	Sm	钐	150.36(2)
Ca	钙	40.078(4)	Lv		[293]	Sn	锡	118.710(7)
Cd	镉	112.411(8)	Md	钔	[258]	Sr	锶	87.62(1)
Ce	铈	140.116(1)	Mg	镁	24.3050(6)	Ta	钽	180.94788(2)
Cf	锎	[251]	Mn	锰	54.938045(5)	Tb	铽	158.92535(2)
Cl	氯	[35.446；35.457]	Mo	钼	95.96(2)	Tc	锝	[98]
Cm	锔	[247]	Mt	鿏	[276]	Te	碲	127.60(3)
Cn	鿔	[285]	N	氮	[14.00643；14.00728]	Th	钍	232.03806(2)
Co	钴	58.933195(5)	Na	钠	22.98976928(2)	Ti	钛	47.867(1)
Cr	铬	51.9961(6)	Nb	铌	92.90638(2)	Tl	铊	[204.382；204.385]
Cs	铯	132.9054519(2)	Nd	钕	144.242(3)	Tm	铥	168.93421(2)
Cu	铜	63.546(3)	Ne	氖	20.1797(6)	U	铀	238.02891(3)
Db	𬭊	[268]	Ni	镍	58.6934(4)	Uuo		[294]
Ds	𫟼	[281]	No	锘	[259]	Uup		[288]
Dy	镝	162.500(1)	Np	镎	[237]	Uus		[294]
Er	铒	167.259(3)	O	氧	[15.99903；15.99977]	Uut		[284]
Es	锿	[252]	Os	锇	190.23(3)	V	钒	50.9415(1)
Eu	铕	151.964(1)	P	磷	30.973762(2)	W	钨	183.84(1)
F	氟	18.9984032(5)	Pa	镤	231.03588(2)	Xe	氙	131.293(6)
Fe	铁	55.845(2)	Pb	铅	207.2(1)	Y	钇	88.90585(2)
Fl		[289]	Pd	钯	106.42(1)	Yb	镱	173.054(5)
Fm	镄	[257]	Pm	钷	[145]	Zn	锌	65.38(2)
Fr	钫	[223]	Po	钋	[209]	Zr	锆	91.224(2)
Ga	镓	69.723(1)	Pr	镨	140.90765(2)			
Gd	钆	157.25(3)	Pt	铂	195.084(9)			

注：1. 相对原子质量录自国际纯粹与应用化学联合会（IUPAC）公布的"标准相对原子质量2009"，以 $^{12}C=12$ 为基准。

2. 相对原子质量加方括号的为放射性元素半衰期最长的同位素的质量数。

3. 相对原子质量末尾数的不确定度加注在其后的括号内。

4. [a：b]表示该元素的相对原子质量依据其同位素丰度变化而介于a和b之间。

附录Ⅲ

部分酸碱和盐的溶解性表（室温）

阴离子／阳离子	OH^-	NO_3^-	Cl^-	SO_4^{2-}	CO_3^{2-}
H^+		溶、挥	溶、挥	溶	溶、挥
NH_4^+	溶、挥	溶	溶	溶	溶
K^+	溶	溶	溶	溶	溶
Na^+	溶	溶	溶	溶	溶
Ba^{2+}	溶	溶	溶	不	不
Ca^{2+}	微	溶	溶	微	不
Mg^{2+}	不	溶	溶	溶	微
Al^{3+}	不	溶	溶	溶	—
Mn^{2+}	不	溶	溶	溶	不
Zn^{2+}	不	溶	溶	溶	不
Fe^{2+}	不	溶	溶	溶	不
Fe^{3+}	不	溶	溶	溶	—
Cu^{2+}	不	溶	溶	溶	—
Ag^+	—	溶	不	溶	不

说明："溶"表示那种物质可溶于水，"不"表示不溶于水，"微"表示微溶于水，"挥"表示挥发性，"—"表示那种物质不存在或遇到水就分解了。

附录 Ⅳ

一些常见元素中英文名称对照表

元素符号	中文名称（拼音）	英文名	元素符合	中文名称（拼音）	英文名
Ag	银（yín）	silver	Al	铝（lǚ）	aluminum
Ar	氩（yà）	argon	Au	金（jīn）	gold
B	硼（péng）	boron	Ba	钡（bèi）	barium
Be	铍（pí）	beryllium	Br	溴（xiù）	bromine
C	碳（tàn）	carbon	Ca	钙（gài）	calcium
Cl	氯（lǜ）	chlorine	Co	钴（gǔ）	cobalt
Cr	铬（gè）	chromium	Cu	铜（tóng）	copper
F	氟（fú）	fluorine	Fe	铁（tiě）	iron
Ga	镓（jiā）	gallium	Ge	锗（zhě）	germanium
H	氢（qīng）	hydrogen	He	氦（hài）	helium
Hg	汞（gǒng）	mercury	I	碘（diǎn）	iodine
K	钾（jiǎ）	potassium	Kr	氪（kè）	krypton
Li	锂（lǐ）	lithium	Mg	镁（měi）	magnesium
Mn	锰（měng）	manganese	N	氮（dàn）	nitrogen
Na	钠（nà）	sodium	Ne	氖（nǎi）	neon
Ni	镍（niè）	nickel	O	氧（yǎng）	oxygen
P	磷（lín）	phosphorus	Pb	铅（qiān）	lead
Pt	铂（bó）	platinum	Ra	镭（léi）	radium
Rn	氡（dōng）	radon	S	硫（liú）	sulphur
Sc	钪（kàng）	scandium	Se	硒（xī）	selenium
Si	硅（guī）	silicon	Sn	锡（xī）	tin
Sr	锶（sī）	strontium	Ti	钛（tài）	titanium
U	铀（yóu）	uranium	V	钒（fán）	vanadium
W	钨（wū）	tungsten	Xe	氙（xiān）	xenon
Zn	锌（xīn）	zinc			

元素周期表

元素周期表

打造学术精品　服务教育事业
河南大学出版社
读者信息反馈表

尊敬的读者：

感谢您购买、阅读和使用河南大学出版社的＿＿＿＿＿＿＿＿＿＿一书,我们希望通过这张小小的反馈表来获得您更多的建议和意见,以改进我们的工作,加强我们双方的沟通和联系。我们期待着能为您和更多的读者提供更多的好书。

请您填妥下表后,寄回或发 E－mail 给我们,对您的支持我们不胜感激!

1. 您是从何种途径得知本书的:

　　□书店　□网上　□报刊　□图书馆　□朋友推荐

2. 您为什么决定购买本书:

　　□工作需要　□学习参考　□对本书感兴趣　□随便翻翻

3. 您对本书内容的评价是:

　　□很好　□好　□一般　□差　□很差

4. 您在阅读本书的过程中有没有发现明显的专业及编校错误? 如果有,它们是:

＿＿＿＿＿＿＿＿＿＿＿＿＿＿＿＿＿＿＿＿＿＿＿＿＿＿＿＿＿＿＿＿＿＿＿＿＿

＿＿＿＿＿＿＿＿＿＿＿＿＿＿＿＿＿＿＿＿＿＿＿＿＿＿＿＿＿＿＿＿＿＿＿＿＿

＿＿＿＿＿＿＿＿＿＿＿＿＿＿＿＿＿＿＿＿＿＿＿＿＿＿＿＿＿＿＿＿＿＿＿＿＿

5. 您对哪一类的图书信息比较感兴趣:＿＿＿＿＿＿＿＿＿＿＿＿＿＿＿＿＿＿＿＿

＿＿＿＿＿＿＿＿＿＿＿＿＿＿＿＿＿＿＿＿＿＿＿＿＿＿＿＿＿＿＿＿＿＿＿＿＿

6. 如果方便,请提供您的个人信息,以便于我们和您联系(您的个人资料我们将严格保密):

　　您供职的单位:＿＿＿＿＿＿＿＿＿＿＿＿＿＿＿＿＿＿＿＿＿＿＿＿＿＿＿＿

　　您教授的课程(老师填写):＿＿＿＿＿＿＿＿＿＿＿＿＿＿＿＿＿＿＿＿＿＿

　　您的通信地址:＿＿＿＿＿＿＿＿＿＿＿＿＿＿＿＿＿＿＿＿＿＿＿＿＿＿＿＿

　　您的电子邮箱:＿＿＿＿＿＿＿＿＿＿＿＿＿＿＿＿＿＿＿＿＿＿＿＿＿＿＿＿

请联系我们:

电话:0371－86059712　0371－86059713　0371－86059715　0371－86059721

传真:0371－86059713

E－mail:hdgdjyfs@163.com

通信地址:河南省郑州市郑东新区 CBD 商务外环路商务西七街中华大厦 2304 室

河南大学出版社高等教育出版分社